Photoshop
平面制作基础

■主 编 童 怡 陈亮 罗亦
■副主编 彭雪萍 张怡 孙芬

高职高专艺术学门类
"十三五"规划教材

职业教育改革成果教材

A R T D E S I G N

华中科技大学出版社
http://www.hustp.com
中国·武汉

内 容 简 介

  Photoshop 是一款功能强大的图像处理软件,被广泛应用于商业广告设计、游戏设计等相关领域。本书共 12 章,全面、系统地介绍了 Photoshop 的基本操作方法和图形图像处理技巧,包括 Photoshop 入门、Photoshop 基本操作、选区与填色、绘画与图像修饰、调色、图层混合与图层样式、蒙版与合成、矢量绘图与钢笔路径、文字、通道、滤镜、实用抠图技法等内容。本书适合广大 Photoshop 初学者,以及有志于从事平面设计、插画设计、包装设计、网页制作、三维动画设计、影视广告设计等工作的人员使用,同时也适合高等院校相关专业的学生和各类培训班的学员参考阅读。

图书在版编目(CIP)数据

Photoshop 平面制作基础/童怡,陈亮,罗亦主编.—武汉:华中科技大学出版社,2019.8(2022.7重印)
高职高专艺术学门类"十三五"规划教材
ISBN 978-7-5680-5398-3

Ⅰ.①P… Ⅱ.①童… ②陈… ③罗… Ⅲ.①平面设计-图象处理软件-高等职业教育-教材 Ⅳ.①TP391.413

中国版本图书馆 CIP 数据核字(2019)第 151486 号

Photoshop 平面制作基础　　　　　　　　　　　　　　　　　　　　　　　　童怡　陈亮　罗亦　主编
Photoshop Pingmian Zhizuo Jichu

策划编辑:江　畅
责任编辑:史永霞
封面设计:优　优
责任监印:朱　玢
出版发行:华中科技大学出版社(中国·武汉)　　　电话:(027)81321913
    武汉市东湖新技术开发区华工科技园　　　邮编:430223
录　　排:华中科技大学惠友文印中心
印　　刷:湖北新华印务有限公司
开　　本:880 mm×1230 mm　1/16
印　　张:10
字　　数:324 千字
版　　次:2022 年 7 月第 1 版第 3 次印刷
定　　价:49.00 元

前言
Preface

　　作为 Adobe 公司旗下著名的图像处理软件，Photoshop 的应用范围相当广泛，覆盖了数码照片处理、平面设计、视觉创意合成、数字插画创作、网页设计、交互界面设计等几乎所有设计方向，深受广大平面设计者的喜爱。

　　本书以入门者为主要读者对象，内容几乎涵盖了 Photoshop CC 全部工具、命令的相关功能，以工具介绍为主线，通过对基础知识细致入微的介绍，辅以精美图例对比效果，结合中小实例，对常用工具、命令、参数等做了详细的介绍，同时给出了技巧提示，确保读者零起点、轻松快速入门。

　　本书分为 12 章，分别是：Photoshop 入门、Photoshop 基本操作、选区与填色、绘画与图像修饰、调色、图层混合与图层样式、蒙版与合成、矢量绘图与钢笔路径、文字、通道、滤镜、实用抠图技法。

　　本书最为显著的特点，就是以讲解基础知识为主，在内容安排上引入相关案例，使读者在学中练，在练中学。这样的内容安排，对提高读者的学习效果大有裨益。本书适合广大 Photoshop 初学者，以及有志于从事平面设计、插画设计、包装设计、网页制作、三维动画设计、影视广告设计等工作的人员使用，同时也适合高等院校相关专业的学生和各类培训班的学员参考阅读。

　　限于编者水平，书中难免有疏漏甚至错误之处，敬请广大读者批评指正。

编者

二〇一九年四月

目录
Contents

Photoshop Pingmian Zhizuo Jichu

第１章

Photoshop入门

本章主要讲解 Photoshop 的一些基础知识,包括认识 Photoshop 工作区;在 Photoshop 中进行新建、打开、置入、存储、打印等文件基本操作;学习在 Photoshop 中查看图像细节的方法;学习操作的撤销与还原方法;了解一部分常用的 Photoshop 设置。

1.1
Photoshop 第一课

正式开始学习 Photoshop 之前,你可能有好多问题想问,比如:Photoshop 是什么? 能干什么? 对我有用吗? 我能用 Photoshop 做什么? 学 Photoshop 难吗? 怎么学? 这些问题将在本书中解决。

1.1.1　Photoshop 是什么?

大家平时口中所说的 PS,也就是 Photoshop CC,全称是 Adobe Photoshop CC,如图 1.1 所示,是由 Adobe Systems 开发和发行的图像处理软件。

为了更好地理解 Photoshop,我们可以把全称的三个词分开解释。"Adobe"就是 Photoshop 所属公司的名称。"Photoshop"是软件名称,常被缩写为"PS"。"CC"是这款 Photoshop 的版本号。就像"腾讯 QQ 2016"(见图 1.2)一样,"腾讯"是企业名称,"QQ"是产品的名称,"2016"是版本号。

1.1.2　认识一下 Photoshop

虽然打开了 Photoshop,但是此时我们看到的却不是 Photoshop 的完整样貌,因为当前的软件中并没有能够操作的文档,所以很多功能都未被显示。为了便于学习,我们可以在这里打开一张图片。单击"打开"按钮,在弹出的对话框中选择一张图片,并单击"打开"按钮。接着文档被打开,Photoshop 的全貌才得以呈现。Photoshop 的工作界面由菜单栏、选项栏、标题栏、工具箱、状态栏、文档窗口以及多个面板组成,如图 1.3 所示。

Adobe Photoshop CC

腾讯 QQ 2016

图 1.1　　　　　　　图 1.2　　　　　　　图 1.3

1. 菜单

Photoshop 的菜单栏中包含多个菜单按钮,单击菜单按钮,即可打开相应的菜单列表。每个菜单都包含很多个命令,而有的命令后方还带有展开符号,表示该命令还包含多个子命令。有的命令后方带有一连串的"字母",这些字母就是 Photoshop 的快捷键,例如"文件"菜单下的"关闭"命令后方显示着"Ctrl＋W",那么同时按下键盘上的 Ctrl 键和 W 键即可快速使用该命令。

2. 文档区域

执行"文件→打开"命令,在弹出的"打开"对话框中随意选择一张图片,单击"打开"按钮。这张图片随即就会在 Photoshop 中打开,在窗口的左上角位置会显示这个文档的相关信息,如名称、格式、窗口缩放比例以及颜色模式等。

3. 工具箱与工具选项栏

工具箱位于 Photoshop 操作界面的左侧,在工具箱中可以看到有很多个小图标,每个图标都是工具,有的图标右下角显示着小三角符号,表示这是个工具组,其中可能包含多个工具。右键单击工具组按钮,即可看到该工具组中的其他工具,将光标移动到某个工具上单击,即可选择该工具。

4. 面板

面板主要用来配合图像的编辑、对操作进行控制以及设置参数等。默认情况下,面板堆栈位于窗口的右侧。

1.1.3　退出 Photoshop

当不需要使用 Photoshop 时,就可以把软件关闭。单击窗口右上角的"关闭"按钮,即可关闭软件;执行"文件→退出"命令(见图 1.4),快捷键为 Ctrl＋Q,也可以退出 Photoshop。

图 1.4

1.1.4　选择合适的工作区域

Photoshop 为不同制图需求的用户提供了多种工作区类型。执行"窗口→工作区"命令,在子菜单中可

以切换工作区类型,如图 1.5 所示。不同工作区的差别主要在于面板的显示。例如"3D"工作区显示"3D"面板和"属性"面板,而"绘画"工作区则更侧重于显示颜色选择以及画笔设置的面板,如图 1.6 所示。

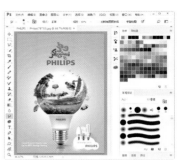

图 1.5

图 1.6

1.2
文 件 操 作

熟悉了 Photoshop 的操作界面后,我们就可以开始正式地接触 Photoshop 的功能了。但是,仅仅打开 Photoshop 软件,我们会发现很多功能都无法使用,这是因为当前的 Photoshop 中没有可以操作的文件。所以,我们就需要新建文件,或者打开已有的图像文件。

1.2.1　在 Photoshop 中新建文件

执行"文件→新建"命令(见图 1.7),快捷键为 Ctrl＋N,随即就会打开"新建文档"对话框,如图 1.8 所示。这个对话框大体可以分为三个部分:顶端是预设的尺寸选项组,左侧是预设选项或最近使用过的项目,右侧是自定义选项设置区域。

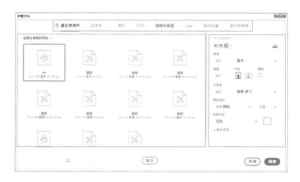

图 1.7

图 1.8

1.2.2　在 Photoshop 中打开图像文件

想要处理数码照片,或者想要继续编辑之前的设计方案,就需要在 Photoshop 中打开已有的文件。执行"文件→打开"命令,快捷键为 Ctrl＋O,然后在弹出的"打开"对话框中找到文件所在的位置,单击选择需要打开的文件,接着单击"打开"按钮,如图 1.9 所示,即可在 Photoshop 中打开该文件。

图1.9

1.2.3　打开多个文档

在"打开"对话框中可以一次性地加选多个文档进行打开,我们可以按住鼠标左键拖拽框选多个文档,也可以按住Ctrl键单击多个文档。然后单击"打开"按钮。接着被选中的多个文档就都会被打开,但默认情况下只能显示其中一个文档,其他文档均被隐藏。(见图1.10)

虽然我们一次性打开了多个文档,但是窗口中只显示了一个文档。单击文档名称即可切换到相对应的文档窗口,如图1.11所示。

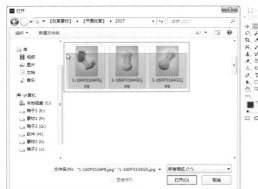

图1.10　　　　　　　　　　　　　　　　　　　　　　　　　图1.11

1.2.4　打开最近使用过的文件

打开Photoshop后,界面中会显示最近打开文档的缩览图(见图1.12),单击缩览图即可打开相应的文档。若已经在Photoshop中打开了文档,那么这个方法便行不通了。此时可以执行"最近打开文件"命令打开使用过的文件。执行"文件→最近打开文件"命令,在子菜单中单击文件名即可将其在Photoshop中打开,选择底部的"清除最近的文件列表"命令可以删除历史打开记录,如图1.13所示。

1.2.5　打开为:打开扩展名不匹配的文件

如果要打开扩展名与实际格式不匹配的文件,或者没有扩展名的文件,可以执行"文件→打开为"命令。弹出"打开"对话框,在该对话框中选择文件并在文件类型列表中为它指定正确的文件格式,如图1.14所

示。如果文件不能打开,则选取的格式可能与文件的实际格式不匹配,或者文件已经损坏。

图 1.12

图 1.13

图 1.14

1.2.6　置入:向文档中添加其他图片

1. 置入嵌入的智能对象

在已有的文件中执行"文件→置入嵌入的智能对象"命令,然后在弹出的对话框中选择需要置入的文件,单击"置入"按钮,随即选择的对象会被置入当前文档内,此时置入的对象边缘处带有定界框和控制点,如图 1.15 所示。

2. 将智能对象转换为普通图层

置入后的素材对象会作为智能对象,智能对象有几点好处,例如在对图像进行缩放、定位、斜切、旋转或变形操作时不会降低图像的质量。但是无法直接对智能对象进行内容的编辑(例如删除局部、用画笔工具

图 1.15

在上方进行绘制等）。如果想要对智能对象的内容进行编辑，就需要在该图层上单击右键，执行"栅格化图层"命令，将智能对象转换为普通对象后进行编辑，如图 1.16 所示。

图 1.16

3. 置入链接的智能对象

执行"文件→置入链接的智能对象"命令，在弹出的对话框中选择素材图片，素材则会以链接的形式置入当前文件中，如图 1.17 所示。以链接形式置入的素材并没有真正地存在于 Photoshop 文档中，仅仅是通过链接在 Photoshop 中显示。如果原始图片经过修改，则在 Photoshop 中该素材的效果也会发生变化。如果链接的文件储存位置移动，或者更改名称，Photoshop 文档则可能出现素材丢失的问题。所以，移动文件位置时，要注意链接的素材图像也需要一起移动。链接形式的优势在于其素材不储存在文档中，所以不会为 Photoshop 文档增添过多的负担。

1.2.7　打包

"打包"命令可以收集当前文档中使用过的以链接形式置入的图片素材，将这些图片文件收集在一个文件夹中，便于用户储存和传输文件。当文档中包含链接的图片素材时，最好在文档制作完成后使用"打包"命令，将可能散落在电脑各个位置的素材整理出来，避免素材丢失。

首先需要准备一个带有链接文件的文档，然后先保存为".psd"格式，接着执行"文件→打包"命令，在弹出的"浏览文件夹"对话框中找到合适的位置，单击"确定"按钮。随即就可以进行打包，打包完成后，找到相对应的文件夹，即可看见.psd 格式的文档以及链接的素材文件夹。（见图 1.18）

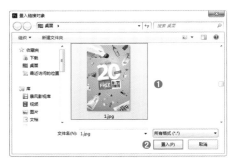

图 1.17　　　　　　　　　　　　　　　　　　　　图 1.18

1.2.8　复制文件

对于已经打开的文件,可以使用"图像→复制"命令,将当前文件复制一份,如图 1.19 所示。当我们想要原始效果做对比时,可以使用该命令复制出当前效果的文档,然后在另一个文档上进行操作。

1.2.9　储存文件

在对一个文档进行编辑后,我们可能需要将当前操作保存到当前文档中,这时需要执行"文件→存储"命令(快捷键 Ctrl+S)。如果文档储存时没有弹出任何窗口,则会以原始位置进行存储。存储时将保留所做的更改,并且会替换掉上一次保存的文件。

当然,想要对已经储存过的文档更换位置、名称或者格式进行储存,也可以执行"文件→存储为"命令(快捷键 Shift+Ctrl+S),打开"另存为"对话框,在这里进行储存位置、文件名、保存类型的设置,设置完毕后单击"保存"按钮,如图 1.20 所示。

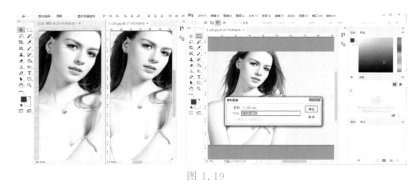

图 1.19　　　　　　　　　　　　　　　　　　　　图 1.20

1.2.10　存储格式的选择

储存文件时,在弹出的"另存为"对话框的"保存类型"下拉菜单中可以看到很多种格式,如图 1.21 所示,可以选择其中一种。但并不是每种格式都经常使用,选择哪种格式才是正确的呢? 下面我们来认识几种常见的图像格式。

PSD:Photoshop 源文件格式,保存所有图层内容。

GIF:动态图片、网页元素。

JPG:最常用的图像格式,方便储存、浏览、上传。

TIFF:高质量图像,保存通道和图层。

PNG:透明背景、无损压缩。

PDF：电子书。

1.2.11　快速导出为

执行"文件→导出→快速导出为 PNG"命令，可以非常快速地将当前文件导出为 PNG 格式。这个命令还能快速将文件导出为其他格式，执行"文件→导出→导出首选项"命令，在弹出的对话框中可以设置快速导出的格式，在下拉列表中还可以看到 JPG、GIF、SVG 格式，如图 1.22(a)所示。选择不同的格式，在右侧可以进行相应参数的设置，例如设置为 JPG，设置完成后在"文件→导出"菜单下就出现了"快速导出为 JPG"命令，如图 1.22(b)所示。

(a)

(b)

图 1.21

图 1.22

1.2.12　导出为特定格式、特定尺寸

"导出为"命令可以方便地将文件导出为特定格式、特定尺寸的图片文件。对要导出的文件执行"文件→导出→导出为"命令，在弹出的对话框中可以进行导出文件的格式、图像大小、画布大小等参数的设置。随着参数的设置，还可以在对话框中预览导出效果，设置完毕后单击"全部导出"按钮，如图 1.23 所示。

1.2.13　关闭文件

执行"文件→关闭"命令(快捷键 Ctrl+W，如图 1.24 所示)，可以关闭当前所选的文件。单击文档窗口右上角的"关闭"按钮，也可关闭所选文件。执行"文件→关闭全部"命令或按 Alt+Ctrl+W 组合键可以关闭所有打开的文件。

图 1.23

图 1.24

1.3
查 看 图 像

在 Photoshop 中编辑图像文件的过程中,有时需要观看画面整体,有时又需要放大显示画面的某个局部,这时就可以使用到工具箱中的"缩放工具"及"抓手工具"。除此之外,"导航器"面板也可以帮助我们方便地定位到画面的某个部分。

1.3.1　缩放工具:放大、缩小

进行图像编辑时,经常需要对画面细节进行操作,这就需要将画面的显示比例放大一些,此时可以使用工具箱中的"缩放工具"。单击工具箱中的"缩放工具"按钮,将光标移动到画面中。单击鼠标左键即可放大图像显示比例,如需放大多倍可以多次单击,也可以直接按下键盘上的 Ctrl 键和＋键来放大图像显示比例。

"缩放工具"既可以放大显示,也可以缩小显示,如图 1.25 所示。在"缩放工具"的选项栏中可以切换该工具的模式,单击"缩小"按钮可以切换到缩小模式,在画布中单击鼠标左键可以缩小图像。也可以直接按下键盘上的 Ctrl 键和－键来缩小图像显示比例。

图 1.25

1.3.2　抓手工具:平移画面

当画面显示比例比较大的时候,有些局部可能就无法显示,这时可以使用工具箱中的"抓手工具"。选择"抓手工具",在画面中按住鼠标左键并拖动,界面中显示的图像区域就会发生变化,如图 1.26 所示。

1.3.3　使用导航器查看画面

"导航器"面板包含了图像的缩览图和各种窗口缩放工具,用于缩放图像的显示比例,以及查看图像特定区域。打开一张图像,执行"窗口→导航器"命令,打开"导航器"面板。在"导航器"面板中我们能够看到整幅图像,红色线框内则是窗口中显示的内容。将光标移动至"导航器"面板中的缩览图上方,光标变为抓手形状时,按住左键并拖拽鼠标即可移动图像画面,如图 1.27 所示。

图 1.26

图 1.27

1.3.4　旋转视图工具

右键单击抓手工具组按钮，可以看到其中还有一个"旋转视图工具"，单击该按钮，接着在画面中按住鼠标左键并拖动，可以看到整个图像界面发生旋转，也可以在选项栏中设置特定的旋转角度。（见图 1.28）

"旋转视图工具"旋转的是画面的显示角度，而不是对图像本身进行旋转。

图 1.28

1.3.5 使用不同的屏幕模式

工具箱最底部有一个切换屏幕模式的按钮,在弹出的菜单中可以选择屏幕模式,包括标准屏幕模式、带有菜单栏的全屏模式和全屏模式,如图1.29所示。

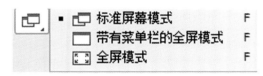

图1.29

1.4
错误操作的处理

当我们使用画笔和画布绘画时,画错了就需要很费力地擦掉或者盖住;在暗房中冲洗照片时,若出现失误,照片可能就无法挽回了。与此相比,使用 Photoshop 等数字图像处理软件的便利之处就在于能够"重来"。操作出现错误,没关系,简单一个命令,就可以轻轻松松"回到从前"。

1.4.1 撤销与还原操作

图1.30

执行"编辑→还原"命令(快捷键 Ctrl+Z),可以撤销最近的一次操作,将其还原到上一步操作状态。如果想进一步撤销,使用快捷键 Shift+Ctrl+Z,可以一步步向前还原操作。(见图1.30)

如果想要取消还原操作,可以执行"编辑→重做"命令。这个操作仅限于一个操作步骤的还原与重做,所以使用的并不多。

1.4.2 恢复文件

对一个文件进行了一些操作后,执行"文件→恢复"命令,可以直接将文件恢复到最后一次保存时的状态。如果一直没有进行过储存操作,则可以返回到刚打开文件时的状态。

1.4.3 使用历史记录面板还原操作

在 Photoshop 中,对文档进行过的编辑操作被称为"历史记录"。而"历史记录"面板是 Photoshop 中一项用于记录文件进行过的操作的功能。执行"窗口→历史记录"命令,打开"历史记录"面板。当我们对文档进行一些编辑操作时,"历史记录"面板中就会出现我们刚刚进行的操作条目。单击其中某一项历史记录操作,就可以使文档返回之前的编辑状态。(见图1.31)

图 1.31

1.5
打 印 设 置

设计作品制作完成后,经常需要打印成为纸质的实物。想要进行打印,首先需要设置合适的打印参数。

执行"文件→打印"命令,打开"Photoshop 打印设置"对话框,在这里可以进行打印参数的设置,如图 1.32 所示。

1.6
综 合 实 例

使用新建、置入、储存命令制作图 1.33 所示的饮品广告。

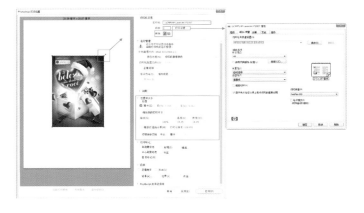

图 1.32

图 1.33

Photoshop Pingmian Zhizuo Jichu

第 2 章

Photoshop基本操作

通过上一章节的学习,我们已经能够在 Photoshop 中打开照片或创建新的文件,并且能够向已有的文件中添加一些漂亮的装饰素材。本章将要学习一些最基本的操作。由于 Photoshop 是典型的图层绘画制图软件,所以在学习其他操作之前必须要充分理解"图层"的概念,并熟练掌握图层的基本操作方法。在此基础上学习画板,剪切、拷贝、粘贴图像,图像的变形以及辅助工具的使用方法。

2.1
调整图像的尺寸及方向

调整图像大小的操作是我们经常会遇到的,例如:证件照需要上传到网上的报名系统,要求高度尺寸在500 像素以内;将相机拍摄的照片作为手机壁纸,需要将横版照片裁剪为竖版照片。

2.1.1　调整图像尺寸

想要调整图像的尺寸,可以使用"图像大小"命令。选择需要调整尺寸的文件,执行"图像→图像大小"命令,打开"图像大小"对话框,如图 2.1 所示。

2.1.2　修改画布大小

使用"图像→画布大小"命令打开"画布大小"对话框(见图 2.2),在这里可以调整可编辑的画面范围。在"宽度"和"高度"后输入数值可以设置修改后的画布尺寸。如果勾选"相对"选项,"宽度"和"高度"数值将代表实际增加或减小的区域的大小,而不再代表整个文档的大小。输入正值就表示增大画布,输入负值就表示减小画布。

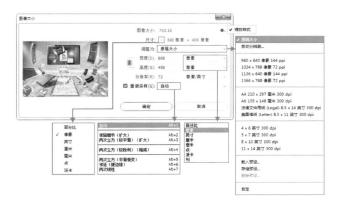

图 2.1　　　　　　　　　　　　　　图 2.2

2.1.3　使用裁剪工具

当我们想要裁掉画面中的部分内容时,最方便的方法就是使用工具箱中的"裁剪工具"直接在画面中绘制出需要保留的区域。图 2.3 所示为裁剪工具选项栏。

15

2.1.4　使用透视裁剪工具

　　"透视裁剪工具"可以在对图像进行裁剪的同时调整图像的透视效果,常用于去除图像中的透视感,或者在带有透视感的图像中提取局部,也可以为图像添加透视感。使用透视裁剪工具对图 2.4 所示图像按图 2.5 所示方向拖拽,效果如图 2.6 所示。

图 2.3

图 2.4

图 2.5

图 2.6

2.1.5　使用"裁剪"与"裁切"命令

　　使用"裁剪"命令与"裁切"命令都可以对画布大小进行一定的修整。但是二者有很明显的不同,"裁剪"命令可以基于选区或裁剪框裁剪画布,而"裁切"命令可以根据像素颜色差别裁剪画布。执行"图像→裁剪"命令,此时选区以外的像素将被裁剪掉。(见图 2.7)

　　执行"图像→裁切"命令,在弹出的对话框中可以选择基于哪个位置的像素颜色进行裁切,然后设置裁切的位置。若勾选"左上角像素颜色"选项,则将把画面中与左上角颜色同样颜色的像素裁切掉。(见图 2.8)

图 2.7

图 2.8

2.1.6 旋转画布

使用相机拍摄照片时,有时会由于相机朝向使照片横着或者竖了起来,这些问题可以使用"图像→图像旋转"下的子命令解决。(见图2.9和图2.10)

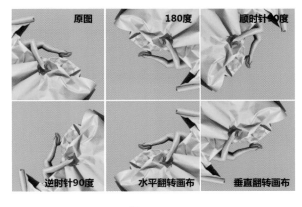

图 2.9   图 2.10

2.2
掌握图层的基本操作

Photoshop 是一款以图层为基础操作单位的绘图软件。图层是 Photoshop 进行一切操作的载体。从名称上来看,图层,图+层,图即图像,层即分层,层叠。简而言之,图层就是以分层的形式显示的图像。例如图2.11所示的作品,甲壳虫处在花朵盛开的草地上,甲壳虫身上还有老式电话的话筒和拨盘。而这个作品实际上是由处于不同图层上的大量不相干的元素堆叠形成的。每个图层就像一个透明玻璃,最顶部的"玻璃板"上的是话筒和拨盘,中间的"玻璃板"上贴着甲壳虫,最底部的"玻璃板"为草地和花朵。将这些"玻璃板",即图层按照顺序依次堆叠摆放在一起,就呈现出了完整的作品。

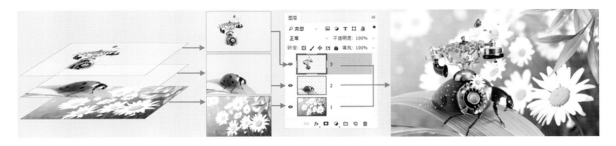

图 2.11

图层模式是一个非常便利的操作方式,当我们想要在画面中添加一些元素时,可以新建一个空白图层,然后在新的图层中绘制内容。这样新绘制的图层不仅可以随便移动位置,还可以在不影响其他图层的情况下进行内容的编辑。打开一张图片,其中包含一个背景图层,接着在一个新的图层上绘制一些白色的斑点。由于白色斑点在另一个图层上,所以可以单独移动这些白色斑点的位置,还可以对白色斑点进行大小和颜色的调整。这些所有的操作都不会影响到原始内容。(见图2.12)

图2.12

除了方便操作以及图层之间互不影响外,Photoshop的图层之间还可以进行"混合"。例如:上方的图层降低了不透明度,逐渐显现出下方图层;设置特定的混合模式,使画面呈现出奇特的效果。(见图2.13和图2.14)这些内容将在后面的章节学习。

图2.13   图2.14

了解了图层的特性后,我们来看一下图层的"大本营":"图层"面板。执行"窗口→图层"命令,打开"图层"面板,如图2.15所示。

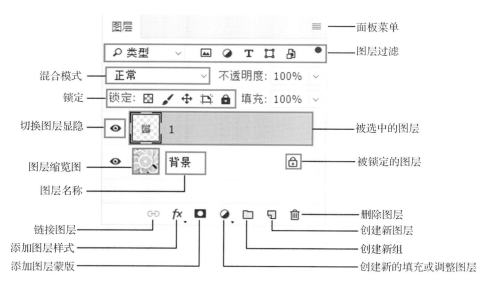

图2.15

"图层"面板常用于新建图层、删除图层、选择图层、复制图层等图层的管理操作,还可以进行图层的混合模式的设置,以及添加和编辑图层样式等操作。

2.3

画　　板

在近些年几个版本的 Photoshop 中添加了画板功能,稍早期的版本中并没有"画板"这一概念。在早期版本的 Photoshop 中想要制作多页面的文档通常需要创建多个文件,而在新的 Photoshop CC 2017 中,可以在一个文档中,创建出多个画板。既方便多页面的同步操作,又能够很好地观察整体效果。

2.3.1　从图层新建画板

首先我们需要选择一个普通图层,然后执行"图层→新建→来自图层的画板"命令,或者在图层上单击鼠标右键,执行"来自图层的画板"命令,接着在弹出的"从图层新建画板"对话框中,设置一个合适的名称,然后设置"宽度"与"高度"的数值,接着单击"确定"按钮,随即可以新建一个画板。(见图 2.16 和图 2.17)

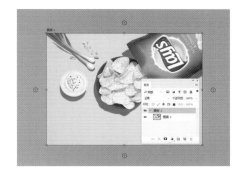

图 2.16

图 2.17

单击画板边缘的"添加新画板"按钮,即可新建一个与当前画板等大的新画板。例如单击画板右侧的按钮,即可在现有画板的右侧新建画板。(见图 2.18)

2.3.2　使用画板工具

选择工具箱中的"画板工具",然后在其选项栏中设置画板的"宽度"与"高度",接着单击"添加新画板"按钮,然后在空白区域单击即可新建画板。(见图 2.19)

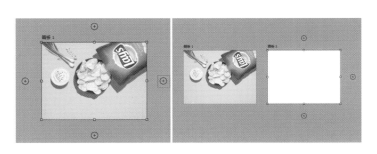

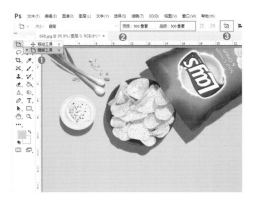

图 2.18

图 2.19

2.4
剪切、拷贝、粘贴图像

对于剪切、拷贝、粘贴,相信大家都不陌生,剪切是将某个对象暂时储存到剪贴板备用并从原位置删除,复制是保留原始对象并将其复制到剪贴板中备用,粘贴则是将剪贴板中的对象提取到当前位置。

对于图像也是一样。想要使不同位置出现相同的内容,需要使用"复制""粘贴"命令;想要将某个部分的图像从原始位置去除,并移动到其他位置,需要使用"剪切""粘贴"命令。

2.4.1　剪切与粘贴

剪切就是暂时将选中的像素放入计算机的剪贴板中,而选择的区域中像素就会消失。通常"剪切"与"粘贴"一同使用。如图 2.20 所示,选择图层,然后按图 2.21 所示选择要剪切的区域,执行"剪切"与"粘贴"命令后,效果如图 2.22 所示。如果执行"剪切"后不执行"粘贴",就相当于把剪切的图像删除,如图 2.23 所示。

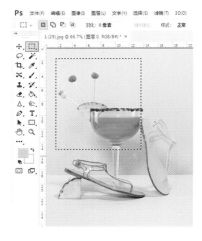

图 2.20　　　　　　　　　　图 2.21　　　　　　　　　　图 2.22

2.4.2　拷贝

创建选区(见图 2.24)后,执行"编辑→拷贝"命令或按 Ctrl＋C 组合键,可以将选区中的图像拷贝到计算机的剪贴板中,然后执行"编辑→粘贴"命令或 Ctrl＋V 组合键,可以将拷贝的图像粘贴到画布中,并生成一个新的图层,如图 2.25 所示。

2.4.3　合并拷贝

合并拷贝就是将文档内所有可见图层拷贝并合并到剪贴板中。打开一个多个图层的文档,然后执行"选择→全选"命令或 Ctrl＋A 组合键全选当前图像,然后执行"编辑→选择性拷贝→合并拷贝"命令或按 Shift＋Ctrl＋C 组合键,将所有可见图层拷贝并合并到剪贴板中,接着新建一个空白文档,然后使用快捷键 Ctrl＋V 组合键可以将合并拷贝的图像粘贴到当前文档中。

图 2.23   图 2.24   图 2.25

选中图 2.26 所示的图像,合并拷贝后效果如图 2.27 所示。

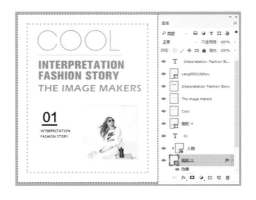

图 2.26   图 2.27

2.4.4　清除图像

使用"清除"命令可以删除选区中的图像。使用"矩形选框工具"绘制一个矩形选区,然后执行"编辑→清除"命令或者按一下键盘上的 Delete 键进行删除,随即会弹出"填充"对话框,在该对话框中设置填充的内容,例如选择"背景色",然后单击"确定"按钮,接着可以看到选区中原有的像素消失了,而以"背景色"进行填充。(见图 2.28 和图 2.29)选择一个普通图层,然后绘制一个选区,接着按一下 Delete 键进行删除,随即可以看到选区中的像素消失了。

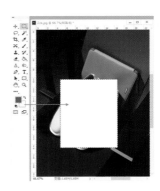

图 2.28   图 2.29

2.5
变换与变形

"编辑"菜单中提供了多种对图层进行各种变形的命令:"内容识别缩放""操控变形""透视变形""自由变换""变换""自动对齐图层""自动混合图层"。其中"变换"命令与"自由变换"命令的功能基本相同,使用"自由变换"命令更方便一些。

2.5.1 自由变换:缩放、旋转、扭曲、透视、变形

在绘图过程中,经常需要调整图层的大小、角度,有时也需要对图层的形态进行扭曲、变形,这些都可以通过"自由变换"命令实现。选中需要变换的图层,执行"编辑→自由变换"命令(快捷键 Ctrl+T),此时对象进入自由变换状态,四周出现了定界框,四角处以及定界框四边的中间都有控制点,如图 2.30 所示。若要确认完成变换,可以按键盘上的 Enter 键;如果要取消正在进行的变换操作,可以按下键盘左上角的 Esc 键。

2.5.2 内容识别缩放

执行"编辑→内容识别缩放"命令会调出定界框,然后进行横向的缩放。对图 2.31 所示原图进行内容识别缩放,随着拖拽可以看到画面中主体物并未发生变形,而颜色较为统一的位置则进行了缩放,效果如图 2.32 所示。

图 2.30 自由变换

图 2.31

图 2.32

2.5.3　操控变形

"操控变形"通常用来修改人物的动作、发型、缠绕的藤蔓。该功能通过可视网格,以添加控制点的方法扭曲图像。

2.5.4　透视变形

"透视变形"可以根据图像现有的透视关系进行变形。执行"编辑→透视变形"命令,然后在画面中单击或者按住鼠标左键拖拽绘制透视变形网格。接着根据透视关系拖拽控制点,调整控制框的形状。接着单击选项栏中的"变形"按钮,然后拖拽控制点进行变形。随着控制点的调整,画面中的透视关系也在发生着变化,变形完成后按一下键盘上的 Enter 键确定变形操作。

2.5.5　自动对齐图层

爱好摄影的朋友们可能会遇到这样的情况:在拍摄全景图时,由于拍摄条件的限制,可能需要拍摄多张照片然后通过后期进行拼接。使用"自动对齐图层"命令可以快速将几张图片组合成一张全景图。

图 2.33 所示为多张照片叠放在一起的效果,执行"自动对齐图层"命令,弹出"自动对齐图层"对话框,按图 2.34 设置后的效果如图 2.35 所示。

图 2.33　　　　　　　　　　　　　　　　　　　图 2.34

图 2.35

2.5.6　自动混合图层

自动混合图层功能可以自动识别画面内容,并根据需要对每个图层应用图层蒙版,以遮盖过度曝光或曝光不足的区域或内容差异。使用"自动混合图层"命令可以缝合或者组合图像,从而在最终图像中获得平滑的过渡效果。

图 2.36 所示为两张素材图片,执行"自动混合图层"命令,弹出"自动混合图层"对话框,按图 2.37 设置后的效果如图 2.38 所示。

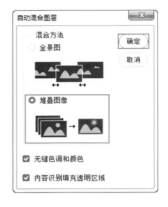

图 2.36   图 2.37   图 2.38

2.6
常用辅助工具

Photoshop 提供了多种非常方便的辅助工具,如标尺、参考线、智能参考线、网格、对齐等,通过使用这些工具可以帮助我们轻松制作出尺寸精准的对象和排列整齐的版面。

2.6.1   标尺

执行"文件→打开"命令打开一张图片,执行"视图→标尺"命令(快捷键 Ctrl+R),此时看到窗口顶部和左侧会出现标尺,如图 2.39 所示。

2.6.2   参考线

参考线是一款非常常用的辅助工具,在平面设计中尤为适用。当我们想要制作整齐对齐的元素时,徒手移动很难保证元素整齐排列。首先使用快捷键 Ctrl+R,打开标尺。将鼠标放置在水平标尺上,然后按住鼠标左键向下拖拽即可拖出水平参考线,如图 2.40 所示;将鼠标放置在左侧的垂直标尺上,然后按住鼠标左键向右拖拽即可拖出垂直参考线,如图 2.41 所示。

2.6.3   智能参考线

智能参考线是一种会在绘制、移动、变换等情况下自动出现的参考线,可以帮助我们对齐特定对象。如图 2.42 所示,当我们使用"移动工具"移动某个图层时,移动过程中与其他图层对齐时就会显示出洋红色的智能参考线,而且还会提示图层之间的间距,如图 2.43 所示。

图 2.39

图 2.40

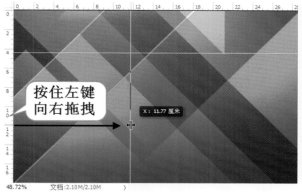

图 2.41

图 2.42

2.6.4 网格

  网格主要用来对齐对象,借助网格可以更精准地确定绘制对象的位置,尤其是在制作标志、绘制像素画时网格是必不可少的辅助工具。网格在默认情况下显示为不打印出来的线条。打开一张图片,执行"视图→显示→网格"命令,就可以在画布中显示出网格,如图 2.44 所示。

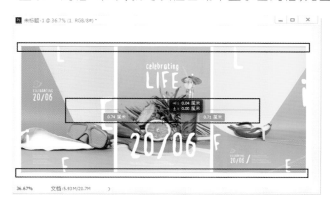

图 2.43

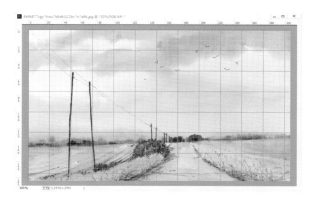

图 2.44

2.6.5 对齐

我们在移动、变换或者创建新图形时,经常会感受到对象被自动"吸附"到另一个对象的边缘或者某些特定位置,这是因为开启了对齐功能。对齐有助于精确地放置选区,裁剪选框、切片、形状和路径等。执行"视图→对齐"命令可以切换对齐功能的开启与关闭。在"视图→对齐到"菜单下可以设置可对齐的对象,如图 2.45 所示。

图 2.45

2.7
综 合 实 例

使用"复制"命令和"自由变换"命令等制作图 2.46 所示的暗调合成效果图。

图 2.46

Photoshop Pingmian Zhizuo Jichu

第 3 章
选区与填色

本章主要讲解了最基本也是最常见的选区的绘制方法,并学习选区的基本操作,例如移动、变换、显隐、储存等操作,在此基础上学习选区形态的编辑。学会了选区的使用方法后,我们可以对选区进行颜色、渐变以及图案的填充。

3.1
创建简单选区

在 Photoshop 中包含多种选区工具,本章将要介绍的是一些最基本的选区工具。利用这些工具,可以绘制正方形选区、长方形选区、正圆选区、椭圆选区、细线选区、随意的选区以及随意的带有尖角的选区等,如图 3.1 所示。

图 3.1

3.1.1 矩形选框工具

使用"矩形选框工具"可以创建出矩形选区与正方形选区,如图 3.2 和图 3.3 所示。

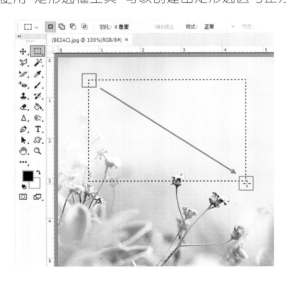

图 3.2

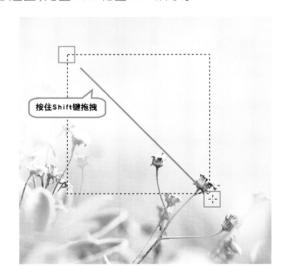

图 3.3

3.1.2　椭圆选框工具

"椭圆选框工具"主要用来制作椭圆选区和正圆选区,如图 3.4 和图 3.5 所示。

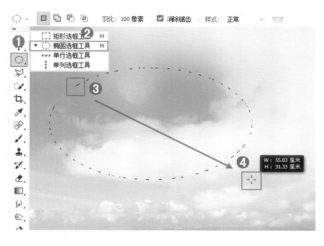

图 3.4　　　　　　　　　　　　　　　　　　　图 3.5

3.1.3　单行/单列选框工具

"单行选框工具""单列选框工具"主要用来创建高度或宽度为 1 像素的选区,常用来制作分割线以及网格效果,如图 3.6 所示。

3.1.4　套索工具

使用"套索工具"可以绘制出不规则形状的选区。例如需要随意选择画面中的某个部分(见图 3.7),或者绘制一个不规则的图形都可以使用"套索工具"。

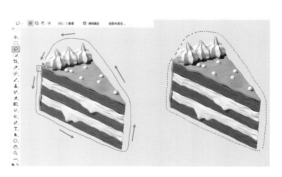

图 3.6　　　　　　　　　　　　　　　　　　　图 3.7

3.1.5　多边形套索工具

"多边形套索工具"能够创建转角比较强烈的选区,例如绘制楼房、书本等对象的选区。
使用"多边形套索工具"按图 3.8 所示方法创建选区,形成的选区如图 3.9 所示。

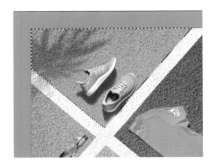

图 3.8 　　　　　　　　　　　　　　　　　　　　　　图 3.9

3.2
选区的基本操作

对创建完成的选区可以进行一些操作,例如移动、全选、反选、取消选择、重新选择、储存与载入等。

3.2.1　取消选区

在绘制了一个选区后,我们会发现操作都是针对选区内部的图像进行的。如果我们不需要对局部进行操作了,就可以取消选区。执行"选择→取消选择"命令或按 Ctrl+D 组合键,可以取消选区状态。

3.2.2　重新选择

如果刚刚错误地取消了选区,可以将选区"恢复"回来。要恢复被取消的选区,可以执行"选择→重新选择"命令。

3.2.3　移动选区位置

创建完的选区可以移动,但是选区的移动不能使用"移动工具",而要使用选区工具,否则移动的内容将是图像,而不是选区。移动选区位置的示例如图 3.10 所示。

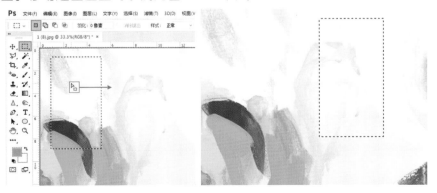

图 3.10

3.2.4　全选

"全选"能够选择当前文档边界内的全部图像。执行"选择→全部"命令或按 Ctrl＋A 组合键即可全选图像。

3.2.5　反选

首先创建出中间部分的选区,即图中被填充了网格的区域,然后执行"选择→反向选择"命令(快捷键 Shift＋Ctrl＋I),可以选择反向的选区,也就是原本没有被选择的部分。(见图 3.11)

3.2.6　储存选区

在 Photoshop 中选区是一种"虚拟对象",无法直接被储存在文档中,而且一旦取消,选区就不复存在了。如果在制图过程中,某个选区需要多次使用,则可以借助通道功能将选区储存起来,如图 3.12 所示。

图 3.11　　　　　　　　　　　　　　　　　　　图 3.12

3.2.7　载入当前图层的选区

在操作过程中经常需要得到某个图层的选区。例如在文档内,有两个图层,此时可以在"图层"面板中按住 Ctrl 键的同时单击图层缩览图,即可载入该图层选区,如图 3.13 所示。

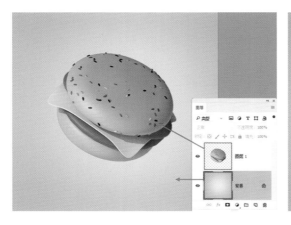
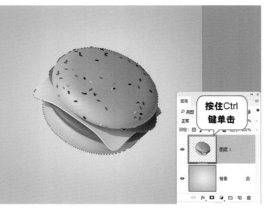

图 3.13

3.3 颜色设置

当我们想要画一幅画时,首先想到的是纸、笔、颜料。在 Photoshop 中,"文档"就相当于纸,"画笔工具"是笔,颜料则需要通过颜色的设置得到。需要注意的是:不仅"画笔工具"中涉及颜色的设置,在"渐变工具"、填充命令、颜色替换画笔甚至是滤镜中都可能涉及颜色的设置。

3.3.1　认识前景色与背景色

在学习颜色的具体设置方法之前,我们来认识一下前景色和背景色。在工具箱的底部可以看到前景色和背景色设置按钮(见图 3.14),默认情况下,前景色为黑色,背景色为白色。单击"前景色"/"背景色"图标,可以在弹出的拾色器对话框中选取一种颜色作为前景色/背景色。单击双向箭头图标可以切换所设置的前景色和背景色(见图 3.15),快捷键为 X 键。单击黑白色块图标可以恢复默认的前景色和背景色(见图 3.16),快捷键为 D 键。

图 3.14

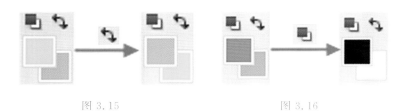

图 3.15　　　　　　　　　图 3.16

3.3.2　在拾色器中选取颜色

认识了前景色与背景色之后,可以尝试单击"前景色"或"背景色"图标,单击它就会弹出拾色器对话框。拾色器是 Photoshop 中最常用的颜色设置工具,不仅在设置前景、背景色时使用,很多颜色设置,例如文字颜色、矢量图形颜色等,都需要使用它。

以设置前景色为例,首先单击工具箱底部的"前景色"图标,接着弹出"拾色器(前景色)"对话框,首先可以拖动颜色滑块到相应的色相范围内,然后将光标放在左侧的色域中,单击即可选择颜色,设置完毕后单击"确定"按钮完成操作,如图 3.17 所示。如果想要设定精确数值的颜色,可以在颜色值处输入数值。设置完毕后,前景色发生了变化。

3.3.3　使用"色板"面板选择颜色

执行"窗口→色板"命令,打开"色板"面板,单击颜色块即可将其设置为前景色,如图 3.18(a)所示。按住 Ctrl 键单击颜色块即可将其设置为背景色,如图 3.18(b)所示。

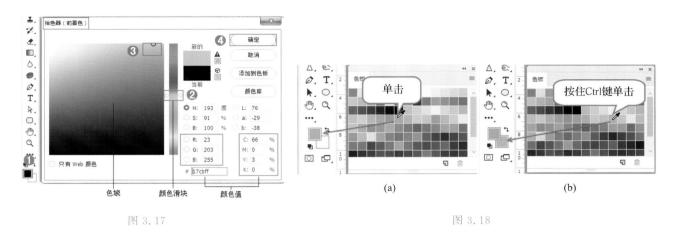

图 3.17   图 3.18

3.3.4   吸管工具:选取画面中的颜色

"吸管工具"可以吸取图像的颜色作为前景色或背景色。使用"吸管工具"在图像中单击,此时拾取的颜色将作为前景色,如图 3.19(a)所示;按住 Alt 键,然后单击图像中的区域,此时拾取的颜色将作为背景色,如图 3.19(b)所示。

3.3.5   "颜色"面板

执行"窗口→颜色"命令,打开"颜色"面板。"颜色"面板中显示了当前设置的前景色和背景色,可以在该面板中设置前景色和背景色。单击"颜色"面板右上角的菜单按钮,会弹出一系列菜单,如图 3.20 所示,通过它们可以对"颜色"面板进行设置。

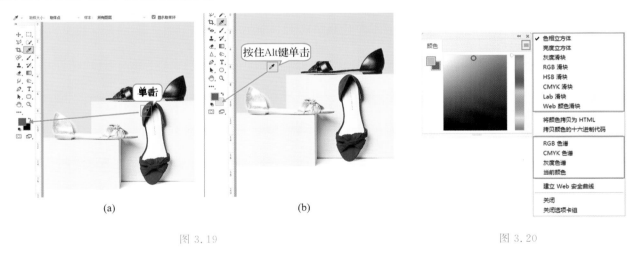

图 3.19   图 3.20

3.4
填充与描边

有了选区后,不仅可以删除画面中选区内的部分,还可以对选区内部进行填充。Photoshop 有多种填充

方式,可以填充不同的内容。需要注意的是,即使没有选区,也是可以进行填充的。除了填充,在包含选区的情况下还可对选区边缘进行描边。

3.4.1　快速填充前景色/背景色

前景色或背景色的填充是非常常用的,所以我们通常使用快捷键进行操作。选择一个图层或者绘制一个选区。设置合适的前景色,然后使用前景色填充快捷键 Alt＋Delete 进行填充;设置合适的背景色,然后使用背景色填充快捷键 Ctrl＋Delete 进行填充。快速填充前景色/背景色如图 3.21 所示。

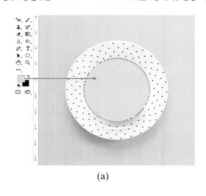
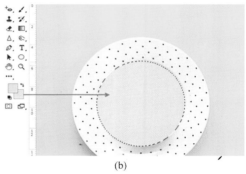

(a)　　　　　　　　　　　　　　　　(b)

图 3.21

3.4.2　使用"填充"命令

执行"编辑→填充"命令(快捷键 Shift＋F5),打开"填充"对话框。在这里首先需要设置填充的内容(见图 3.22),接着还可以进行混合的设置,设置完成后单击"确定"按钮进行填充。需要注意的是,文字图层、智能对象等特殊图层以及被隐藏的图层不能使用"填充"命令。

3.4.3　油漆桶工具

图 3.23:右键单击工具箱中的渐变工具组按钮,在其中选择"油漆桶工具";接着在选项栏中设置填充模式为前景,容差为 120,其他参数使用默认值即可;接着更改前景色,然后在需要填充的位置单击即可填充颜色。由此可见,使用"油漆桶工具"进行填充无须先绘制选区,而是通过"容差"数值控制填充区域的大小。容差值越大,填充的范围越大;容差值越小,填充的范围就越小。如果是空白图层,则会完全填充到整个图层中。

图 3.22　　　　　　　　　　　　　　　　　图 3.23

3.4.4　定义图案预设

打开一个图像,如果想要图像中的局部作为图案,那么可以框选出这个部分,如图3.24所示。接着执行"编辑→定义图案"命令,在弹出的"图案名称"对话框中设置一个合适的名称,单击"确定"按钮完成图案的定义,如图3.25所示。接着选择工具箱中的"油漆桶工具",在选项栏中设置填充模式为"图案",然后在下拉面板的最底部选择刚刚定义的图案,接着单击进行填充,如图3.26所示。

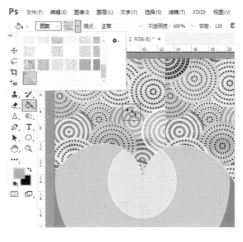

图3.24　　　　　　　　图3.25　　　　　　　　　　图3.26

3.4.5　图案的存储与载入

"存储图案"命令存储的图案是整个面板中的图案,我们可以先将不需要的图案删除。在"油漆桶工具"选项栏中打开"图案"下拉面板,在不需要的图案上右击,执行"删除图案"命令(见图3.27),即可将图案删除,接着单击面板右上角的设置按钮,执行"存储图案"命令,如图3.28所示。

接着在弹出的"另存为"对话框中选择一个合适的位置,然后设置合适的文件名称,文件类型为".pat",单击"确定"按钮,接着就可以在存储位置看到该文件了。

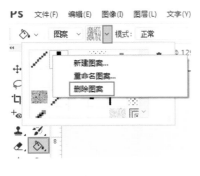

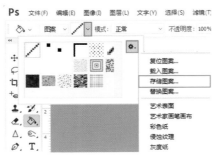

图3.27　　　　　　　　　　　　　　图3.28

若要载入图案库,可以打开"图案"下拉面板,单击设置按钮,执行"载入图案"命令,接着在弹出的"载入"对话框中找到图案库的位置,单击选择图案库,然后单击"载入"按钮完成载入。(见图3.29)

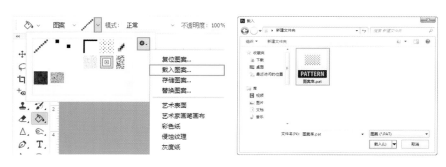

图 3.29

3.4.6　渐变工具

　　选择工具箱中的"渐变工具",然后单击选项栏中渐变色条后侧的下拉菜单按钮,在下拉面板有一些预设的渐变颜色,单击即可选中渐变色。单击选择后,渐变色条变为选择的颜色用来预览。在不考虑选项栏中其他选项的情况下,就可以进行填充了。选择一个图层或者绘制一个选区,接着按住鼠标左键拖动,松开鼠标完成填充操作。(见图 3.30)图 3.31 是渐变填充后的效果。

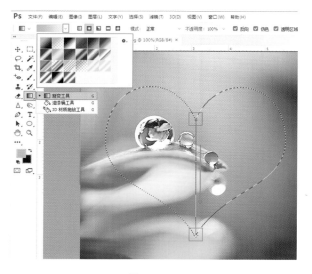

图 3.30

图 3.31

3.4.7　创建纯色/渐变/图案填充图层

　　填充图层是一种比较特殊的图层,它可以使用纯色、渐变或图案填充图层;与普通图层相同,填充图层也可以设置混合模式、不透明度、图层样式以及编辑蒙版等操作。执行"图层→新建填充图层"命令,在子菜单中可以看到纯色、渐变、图案三个子命令。

1. 创建纯色填充图层

　　执行"图层→新建填充图层→纯色"命令,可以打开"新建图层"对话框,在该对话框中可以设置填充图层的名称、颜色、混合模式和不透明度,如图 3.32 所示。在"新建图层"对话框中设置好相关选项以后,单击"确定"按钮。打开"拾色器(纯色)"对话框,然后拾取一种颜色,

图 3.32

单击"确定"按钮后即可创建一个纯色填充图层。（见图 3.33 和图 3.34）

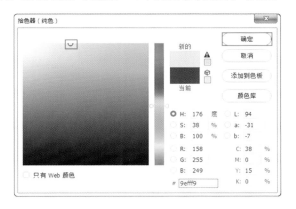

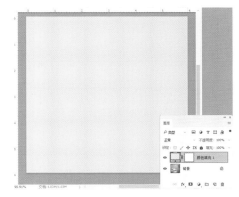

图 3.33　　　　　　　　　　　　　　图 3.34

2. 创建渐变填充图层

执行"图层→新建填充图层→渐变"命令,在弹出的"新建图层"对话框中设置合适的名称、颜色、混合模式和不透明度,然后单击"确定"按钮,如图 3.35 所示。接着会弹出"渐变填充"对话框,单击渐变色条可以打开"渐变编辑器"对话框,然后编辑一个合适的颜色,如图 3.36 所示。单击"确定"按钮完成颜色的设置,接着继续在"渐变填充"对话框中设置渐变颜色的样式、角度、缩放等参数,最后单击"确定"按钮,渐变填充图层新建完成,如图 3.37 所示。

图 3.35

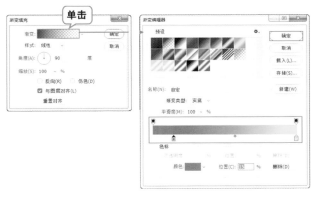

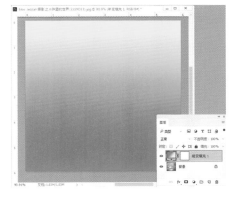

图 3.36　　　　　　　　　　　　　　图 3.37

3. 创建图案填充图层

执行"图层→新建填充图层→图案"命令,在弹出的"新建图层"对话框（见图 3.38）中单击"确定"按钮。接着会弹出"图案填充"对话框,在该对话框中单击图案右侧的倒三角按钮,在下拉面板中单击选择一个合适的图案,接着对图案的缩放、与图层链接等参数进行设置,如图 3.39 所示。设置完成后单击"确定"按钮,图案填充图层新建完成,如图 3.40 所示。

3.4.8　描边

描边是指为图层边缘或者选区边缘添加一圈彩色边线的操作。执行"编辑→描边"命令或按 Alt＋E＋S 组合键,打开"描边"对话框,如图 3.41 所示。

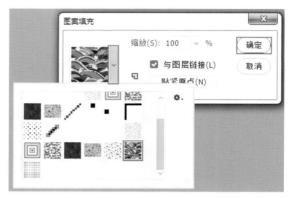

图 3.38

图 3.39

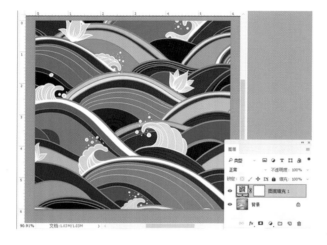

图 3.40

图 3.41

3.5
焦 点 区 域

　　"焦点区域"命令能够自动识别画面中处于拍摄焦点范围内的图像,并制作这部分的选区。使用"焦点区域"命令可以快速获取图像中清晰部分的选区,常用来进行抠图操作。执行"选择→焦点区域"命令,打开"焦点区域"对话框,此时无须设置,稍等片刻画面中就会创建出选区,如图 3.42 所示。

图 3.42

3.6
选区的编辑

选区创建完成后是可以对其进行一定的编辑操作的,例如缩放选区、旋转选区、调整选区边缘、创建边界选区、平滑选区、扩展与收缩选区、羽化选区、扩大选取、选取相似等,熟练掌握这些操作对于快速选择需要的部分非常重要。

3.6.1　变换选区

选区也可以像图像一样进行变换,但选区的变换不能使用"自由变换"命令,而需要使用"变换选区"命令。执行"选择→变换选区"命令(快捷键 Alt＋S＋T),调出定界框。拖拽控制点即可对选区进行变形,如图3.43 所示。变换选区的操作包括缩放、旋转、扭曲、透视、变形等。

3.6.2　选择并遮住

"选择并遮住"命令是一个既可以对已有选区进行进一步编辑,又可以重新创建选区的命令。该命令可以对选区进行边缘检测,调整选区的平滑度、羽化、对比度以及边缘位置。"选择并遮住"命令由于可以智能地细化选区,所以常用于长发、动物、细密的植物的抠图。

执行"选择→选择并遮住"命令,此时 Photoshop 界面发生了改变。左侧为一些用于调整选区以及视图的工具,左上方为所选工具的选项栏,右侧为选区编辑选项,如图3.44 所示。

图 3.43

图 3.44

3.6.3　创建边界选区

"边界"命令作用于已有的选区,可以将选区的边界向内或向外进行扩展,扩展后的选区边界将与原来的选区边界形成新的选区。首先创建一个选区,接着执行"选择→修改→边界"命令,在弹出的对话框中设

置"宽度"数值,宽度越大新选区越宽,设置完成后单击"确定"按钮。(见图3.45和图3.46)

图 3.45　　　　　　　　　　　　　　　　　　　　　　　　图 3.46

3.6.4　平滑选区

　　"平滑"命令可以将参差不齐的选区边缘平滑化。首先绘制一个选区,接着执行"选择→修改→平滑"命令,在弹出的"平滑选区"对话框中设置"取样半径"选项,数值越大选区越平滑,设置完成后单击"确定"按钮。(见图3.47和图3.48)

图 3.47　　　　　　　　　　　　　　　　　　　　　　　　图 3.48

3.6.5　扩展选区

　　"扩展"命令可以将选区向外延展,以得到较大的选区。首先绘制一个选区,接着执行"选择→修改→扩展"命令,打开"扩展选区"对话框,通过设置"扩展量"控制选区向外扩展的距离,数值越大距离越远,参数设置完成后单击"确定"按钮。(见图3.49和图3.50)

3.6.6　收缩选区

　　"收缩"命令可以将选区向内收缩,使选区范围变小。首先绘制一个选区,接着执行"选择→修改→收缩"命令,在弹出的"收缩选区"对话框中,通过设置"收缩量"选项控制选区的收缩大小,数值越大收缩范围越大,设置完成后单击"确定"按钮。(见图3.51和图3.52)

图 3.49

图 3.51

图 3.50

图 3.52

3.6.7 羽化选区

"羽化"命令可以将边缘较"硬"的选区变为边缘比较"柔和"的选区。羽化半径越大,选区边缘越柔和。"羽化"命令是通过建立选区和选区周围像素之间的转换边界来模糊边缘的,这种模糊方式将丢失选区边缘的一些细节。

首先绘制一个选区,接着执行"选择→修改→羽化"命令(快捷键 Shift+F6),打开"羽化选区"对话框,该对话框中的"羽化半径"选项用来设置边缘模糊的强度,数值越大边缘模糊范围越大。参数设置完成后单击"确定"按钮,按一下键盘上的 Delete 键删除选区中的像素,可以查看羽化效果。(见图 3.53 和图 3.54)

图 3.53

图 3.54

3.6.8　扩大选取

"扩大选取"命令是基于"魔棒工具"选项栏中指定的"容差"范围来决定选区的扩展范围的。

首先绘制选区，接着选择工具箱中的"魔棒工具"，在选项栏中设置"容差"数值（该数值越大所选取的范围越广），如图3.55所示。设置完成后执行"选择→扩大选取"命令，这个命令没有参数设置对话框，接着Photoshop会查找并选择那些与当前选区中像素色调相近的像素，从而扩大选择区域。设置不同容差数值后的选取效果如图3.56所示。

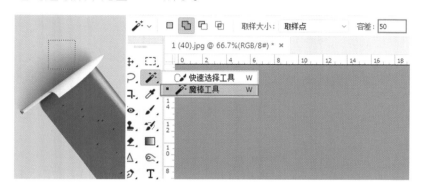

图 3.55

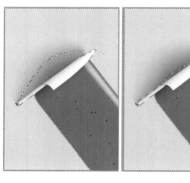

图 3.56

3.6.9　选取相似

"选取相似"也是基于"魔棒工具"选项栏中指定的"容差"数值来决定选区的扩展范围的。首先绘制一个选区，接着执行"选择→选取相似"命令，Photoshop同样会查找并选择那些与当前选区中像素色调相近的像素，从而扩大选择区域。（见图3.57）

3.7
综 合 实 例

使用"套索工具"与"多边形套索工具"制作手写感文字标志，如图3.58所示。

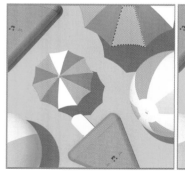
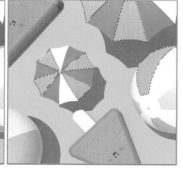

图 3.57

图 3.58

Photoshop Pingmian Zhizuo Jichu

第4章
绘画与图像修饰

本章内容主要为两大部分:数字绘画与图像修饰。数字绘画部分主要使用到"画笔工具""橡皮擦工具"以及"画笔"面板。而图像修饰部分涉及的工具较多,可以分为两大类:"仿制图章工具""修补工具""污点修复画笔工具""修复画笔工具"等工具主要用于去除画面中的瑕疵,而"模糊工具""锐化工具""涂抹工具""加深工具""减淡工具""海绵工具"则用于图像局部的美化操作。

4.1
绘 画 工 具

数字绘画是 Photoshop 的重要功能之一,在数字绘画的世界中无须使用不同的画布、不同的颜料。油画、水彩画、铅笔画、钢笔画等,只要你有强大的绘画功底,这些统统可以在 Photoshop 中模拟出来。Photoshop 提供了非常强大的绘制工具以及方便的擦除工具,这些工具除了在数字绘画中能够使用到,在修图或者平面设计、服装设计等方面也一样经常使用。

4.1.1　画笔工具

"画笔工具"是以"前景色"作为"颜料"在画面中进行绘制的。绘制的方法也很简单,在画面中单击能够绘制出一个圆点,默认情况下画笔工具的笔尖为圆形。在画面中按住鼠标左键并拖动,即可轻松绘制出线条。(见图 4.1)

4.1.2　铅笔工具

"铅笔工具"主要用于绘制硬边的线条。"铅笔工具"的使用方法与"画笔工具"的非常相似,都是可以在选项栏中单击打开画笔预设选取器,接着选择一个笔尖样式并设置画笔大小,然后可以在选项栏中设置模式和不透明度,接着在画面中按住鼠标左键进行拖动绘制即可。(见图 4.2)

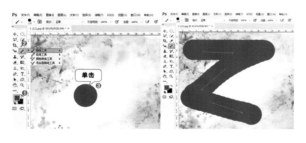

图 4.1

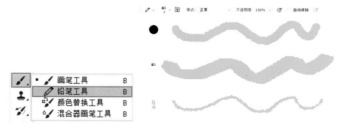

图 4.2

4.1.3　颜色替换工具

"颜色替换工具"位于画笔工具组中,在工具箱中右键单击"画笔工具"按钮,在弹出的工具组列表中单击"颜色替换工具"。"颜色替换工具"能够以涂抹的形式更改画面中的部分颜色,更改颜色之前首先需要设置合适的前景色。(见图 4.3)

4.1.4　混合器画笔工具

　　"混合器画笔工具"位于画笔工具组中。"混合器画笔工具"可以像传统绘画过程中混合颜料一样混合像素。使用"混合器画笔工具"可以轻松模拟真实的绘画效果,并且可以混合画布颜色和使用不同的绘画湿度。(见图 4.4)

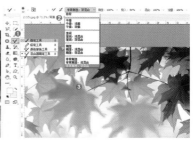

図 4.3　　　　　　　　　　　　　　　　　　　　図 4.4

4.1.5　橡皮擦工具

　　"橡皮擦工具"位于橡皮擦工具组中,在橡皮擦工具组上方单击鼠标右键,然后在弹出的工具组列表中单击选择"橡皮擦工具",接着选择一个普通图层,在画面中按住鼠标左键拖拽,光标经过的位置像素被擦除了,如图 4.5 所示。若选择了"背景"图层,使用"橡皮擦工具"进行擦除,则擦除的像素将变成背景色,如图 4.6 所示。

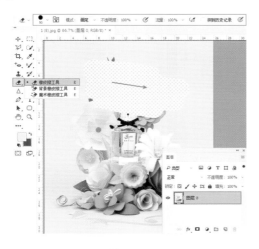

図 4.5　　　　　　　　　　　　　　　　　　　　図 4.6

4.2
"画笔"面板

　　画笔除了可以绘制出单色的线条外,还可以绘制出虚线、同时具有多种颜色的线条、带有图案叠加效果的线条、分散的笔触、透明度不均的笔触。想要绘制出这些效果都需要借助"画笔"面板。

4.2.1 认识"画笔"面板

执行"窗口→画笔"命令(快捷键F5),打开"画笔"面板,在这里可以看到非常多的参数设置,最底部显示着当前笔尖样式的预览效果,此时默认显示的是"画笔笔尖形状"页面,如图4.7所示。

4.2.2 笔尖形状设置

在"画笔笔尖形状"页面可以对画笔的形状、大小、硬度这些常用的参数进行设置,除此之外,还可以对画笔的角度、圆度以及间距进行设置。这些参数选项非常简单,随意调整数值,就可以在底部看到当前画笔的预览效果。(见图4.8)通过设置当前页面的参数可以制作各种效果,图4.9所示为角度及圆度的调整效果,图4.10所示为笔尖及间距的调整效果。

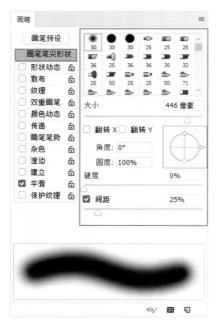

图 4.7

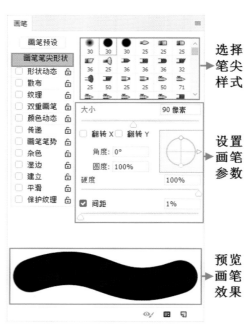

图 4.8

图 4.9

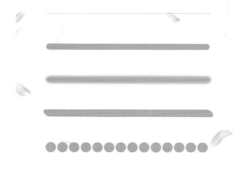

图 4.10

4.2.3　形状动态

　　"形状动态"页面用于设置绘制出带有大小不同、角度不同、圆度不同笔触效果的线条。在"形状动态"页面中可以看到"大小抖动""角度抖动""圆度抖动",此处的"抖动"就是指某项参数在一定范围内随机变换。数值越大,变化范围也就越大。通过图4.11左侧的页面设置可以制作出图中右侧的效果。

4.2.4　散布

　　"散布"页面用于设置描边中笔迹的数目和位置,使画笔笔迹沿着绘制的线条扩散。在"散布"页面中可以对散布的方式、数量和散布的随机性进行调整,数值越大,变化范围也就越大。在制作随机性很强的光斑、星光或树叶纷飞的效果时,"散布"选项是必须要设置的。设置了"散布"选项制作的效果如图4.12所示。

图4.11　　　　　　　　　　　　　　　　　　　　图4.12

4.2.5　纹理

　　"纹理"页面用于设置画笔笔触的纹理,使之可以绘制出带有纹理的笔触效果。在"纹理"页面中可以对图案的大小、亮度、对比度、混合模式等选项进行设置,添加不同纹理的笔触效果。(见图4.13)

4.2.6　双重画笔

　　"双重画笔"页面用于设置绘制的线条呈现出两种画笔混合的效果。在对"双重画笔"设置前,需要先设置"画笔笔尖形状"主画笔参数属性,然后启用"双重画笔"选项。最顶部的"模式"是指选择从主画笔和双重画笔组合画笔笔迹时要使用的混合模式。然后从"双重画笔"选项中选择另外一个笔尖,即双重画笔。其参数非常简单,大多与其他选项中的参数相同。(见图4.14)

4.2.7　颜色动态

　　"颜色动态"页面用于设置绘制出颜色变化的效果,在设置颜色动态之前,需要设置合适的前景色与背景色,然后在"颜色动态"页面进行其他参数选项的设置。(见图4.15)

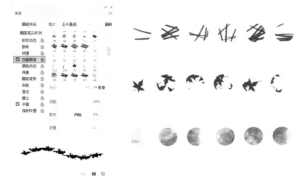

图4.13 图4.14

4.2.8 传递

"传递"选项用于设置笔触的不透明度、流量、湿度、混合等数值以控制油彩在描边路线中的变化方式。"传递"选项常用于光效的制作,在绘制光效的时候,光斑通常带有一定的透明度,所以需要勾选"传递"选项,进行参数的设置,以增加光斑的透明度的变化。(见图4.16)

图4.15 图4.16

4.2.9 画笔笔势

"画笔笔势"页面用于设置毛刷画笔笔尖、倾斜画笔笔尖的角度,如图4.17所示。

4.2.10 其他选项

执行"窗口→画笔"命令,打开"画笔"面板。"画笔"面板中除了上述选项,还有"杂色""湿边""建立""平滑"和"保护纹理"这5个选项(见图4.18),这些选项不能调整参数,如果要启用其中某个选项,将其勾选即可。

- 杂色:为个别画笔笔尖增加额外的随机性。当使用柔边画笔时,该选项最能显出效果。
- 湿边:沿画笔描边的边缘增大油彩量,从而创建出水彩效果。
- 建立:模拟传统的喷枪技术,根据鼠标按键的单击程度确定画笔线条的填充数量。
- 平滑:在画笔描边中生成更加平滑的曲线。当使用压感笔进行快速绘画时,该选项最有效。

● 保护纹理:将相同图案和缩放比例应用于具有纹理的所有画笔预设。勾选该选项后,在使用多个纹理画笔绘画时,可以模拟出一致的画布纹理。

图 4.17　　　　　　　　　　　　　　　图 4.18

4.3
使用不同的画笔

在画笔预设选取器中可以看到有多种可供选择的画笔笔尖类型,我们可以使用的只有这些吗?并不是,Photoshop 还内置了多种类的画笔供我们挑选,默认状态为隐藏,需要通过载入才能使用。除了内置的画笔,还可以在网络上搜索下载有趣的画笔库,并通过预设管理器载入 Photoshop 中进行使用。除此之外,还可以将图像"定义"为画笔,帮助我们绘制出奇妙的效果。

4.3.1　使用其他内置的笔尖

首先选择"画笔工具",单击选项栏中的倒三角按钮,打开画笔预设选取器。在画笔菜单的底部就是画笔库。选择一个画笔库,在弹出的对话框中单击"追加"按钮,随即就可以将画板库中的画笔添加到画笔预设选取器中。(见图 4.19)

4.3.2　自己定义一个画笔

定义画笔的方式非常简单,选择要定义成笔尖的图像,执行"编辑→定义画笔预设"命令,接着在弹出的"画笔名称"对话框中设置画笔名称,并单击"确定"按钮,完成画笔的定义,如图 4.20 所示。在预览图中能够看到定义的画笔笔尖只保留了图像的明度信息,而没有色彩信息。这是因为画笔工具是以当前的"前景色"进行绘制的,所以定义画笔的图像色彩就没有必要存在了。

4.3.3　使用外挂画笔资源

执行"编辑→预设→预设管理器"命令,打开"预设管理器"对话框。接着设置"预设类型"为"画笔",单击"载入"按钮,在弹出的"载入"对话框中找到外挂画笔的位置,单击选择外挂画笔格式为".abr",接着单击"载入"按钮,随即可以在"预设管理器"对话框中看到载入的画笔,单击"完成"按钮。(见图 4.21 和图 4.22)

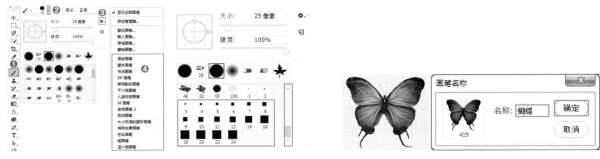

图 4.19　　　　　　　　　　　　　　　　　　图 4.20

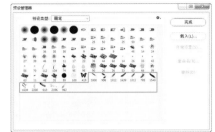

图 4.21　　　　　　　　　　　　　　　　　　图 4.22

4.3.4　将画笔储存为方便传输的画笔库文件

执行"编辑→预设→预设管理器"命令,打开"预设管理器"对话框。接着设置"预设类型"为"画笔",单击需要存储的画笔,然后单击"存储设置"按钮,接着会弹出"另存为"对话框,在该对话框中选择一个合适的位置,然后设置文件名称,单击"保存"按钮完成存储操作。(见图 4.23)

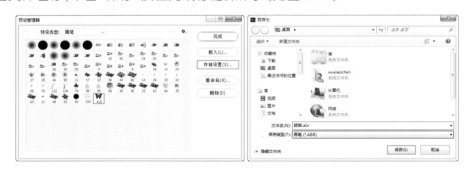

图 4.23

4.4
瑕　疵　修　复

"修图"一直是 Photoshop 最为人所熟知的强项之一,通过强大的 Photoshop 可以轻松去除人物面部的斑斑点点,环境中的杂乱物体,甚至想要"偷天换日"也是可能的。更重要的是,这些工具的使用方法非常简单,只需要我们熟练掌握,并且多练习就可以实现这些效果了。

4.4.1　仿制图章工具

"仿制图章工具"可以将图像的一部分通过涂抹的方式,"复制"到图像中的另一个位置上。"仿制图章工具"常用来去除水印、消除人物脸部斑点皱纹、去除背景部分不相干的杂物、填补图片空缺等。

按图 4.24 所示方法使用"仿制图章工具"进行处理,效果如图 4.25 所示。

图 4.24

图 4.25

4.4.2　图案图章工具

鼠标右键单击仿制工具组,在工具列表中选择"图案图章工具",该工具可以使用"图案"进行绘画。在选项栏中设置合适的笔尖大小,选择一个合适的图案。接着在画面中按住鼠标左键涂抹,随即可以看到绘制效果。(见图 4.26 和图 4.27)

4.4.3　污点修复画笔工具

使用"污点修复画笔工具"可以消除图像中小面积的瑕疵,或者去除画面中看起来比较"特殊的"对象。例如去除人物面部的斑点、皱纹、凌乱发丝,或者去除画面中细小的杂物等。"污点修复画笔工具"不需要设置取样点,因为它可以自动从所修饰区域的周围进行取样。

图 4.26　　　　　　　　　　　　　　　　　　　图 4.27

按图 4.28 所示方法使用"污点修复画笔工具"进行处理,处理前后的效果对比如图 4.29 所示。

图 4.28　　　　　　　　　　　　　　　　　　　图 4.29

4.4.4　修复画笔工具

"修复画笔工具"可以用图像中的像素作为样本进行绘制,以修复画面中的瑕疵。按图 4.30 所示方法使用"修复画笔工具"进行处理,处理前后的效果对比如图 4.31 所示。

图 4.30　　　　　　　　　　　　　　　　　　　图 4.31

4.4.5　修补工具

"修补工具"可以将画面中的部分内容作为样本,修复所选图像区域中不理想的部分。"修补工具"通常用来去除画面中的部分内容。按图4.32所示方法使用"修补工具"进行处理,效果如图4.33所示。

图4.32

图4.33

4.4.6　内容感知移动工具

使用"内容感知移动工具"移动选区中的对象,被移动的对象将会自动将影像与四周的景物融合在一块,而原始的区域则会进行智能填充。在需要改变画面中某一对象的位置时,就可以尝试使用该工具。

按图4.34所示方法使用"内容感知移动工具"进行处理,效果如图4.35所示。

4.4.7　红眼工具

使用"红眼工具"可以去除红眼现象。在工具列表中选择"红眼工具",将光标移动至眼睛的上方单击鼠标左键即可去除红眼,如图4.36所示。在另外一个眼睛上单击,完成去红眼的操作。

图 4.34

图 4.35

图 4.36

4.5
历史记录画笔工具组

历史记录画笔工具组中有两个工具,即"历史记录画笔工具"和"历史记录艺术画笔工具",这两个工具是以"历史记录"面板中"标记"的步骤作为"源",然后在画面中绘制,绘制出的部分会呈现出标记的历史记录的状态。

4.5.1　历史记录画笔工具

执行"窗口→历史记录"命令,打开"历史记录"面板。在想要作为绘制内容的步骤前单击,使之出现画笔图案即可完成历史记录的设定。然后单击工具箱中的"历史记录画笔工具"按钮,适当调整画笔大小,在画面中进行适当涂抹,绘制方法与"画笔工具"相同,被涂抹的区域将还原为被标记的历史记录效果。

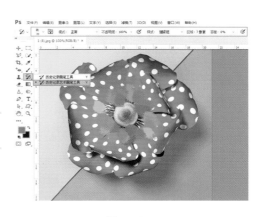

4.5.2　历史记录艺术画笔工具

"历史记录艺术画笔工具"可以将标记的历史记录状态或快照用作源数据,然后以一定的"艺术效果"对图像进行修改。(见图 4.37)

图 4.37

4.6
图像的简单修饰

在 Photoshop 中可用于图像局部润饰的工具有:"模糊工具""锐化工具"和"涂抹工具",从名称上就能看出这些工具的功能,可以对图像进行模糊、锐化和涂抹处理;"减淡工具""加深工具"和"海绵工具",可以对图像局部的明暗、饱和度等进行处理。

4.6.1　模糊工具

使用"模糊工具"可以轻松对画面局部进行模糊处理,其使用方法非常简单,单击工具箱中的"模糊工具"按钮,接着在选项栏中设置工具的"模式"和"强度"。"模式"包括"正常""变暗""变亮""色相""饱和度""颜色"和"明度"。如果仅需要使画面局部模糊一些,那么选择"正常"即可。选项栏中的"强度"选项是比较重要的选项,该选项用来设置"模糊工具"的模糊强度。(见图 4.38)

使用"模糊工具"时设置不同强度的效果对比图如图 4.39 所示。

图 4.38   图 4.39

4.6.2　锐化工具

"锐化工具"可以通过增强图像中相邻像素之间的颜色对比来提高图像的清晰度。(见图 4.40)

4.6.3　涂抹工具

使用"涂抹工具"可以模拟手指划过湿油漆时所产生的效果。其使用方法如图 4.41 所示。使用"涂抹工具"时设置不同强度的效果对比图如图 4.42 所示。

图 4.40

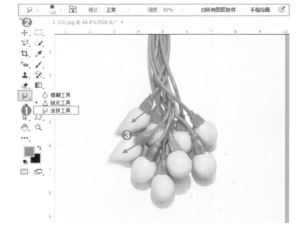

图 4.41

强度：60%   强度：100%

图 4.42

4.6.4　减淡工具

使用"减淡工具"可以对图像"高光""中间调""阴影"分别进行减淡处理。按图 4.43 所示设置"减淡工具"的相关参数,效果如图 4.44 所示。

图 4.43　　　　　　　　　　　　　图 4.44

4.6.5　加深工具

使用"加深工具",在画面中按住鼠标左键并拖动,光标移动过的区域颜色会加深。(见图 4.45)

图 4.45

4.6.6　海绵工具

"海绵工具"可以增加或降低彩色图像中布局内容的饱和度。如果是灰度图像,使用该工具则可以增加或降低对比度。图 4.46 所示为"海绵工具"的去色功能的应用示例。

图 4.46

4.7
综 合 实 例

使用绘制工具制作清凉海报(见图 4.47)。

图 4.47

Photoshop Pingmian Zhizuo Jichu

第5章
调　色

调色是数码照片编修中非常重要的功能,图像的色彩在很大程度上能够决定图像的"好坏",与图像主题相匹配的色彩才能够正确地传达图像的内涵。对于设计作品也是一样的,正确地使用色彩对设计作品而言是非常重要的。不同的颜色往往带有不同的情感倾向,对消费者心理产生的影响也不相同。在 Photoshop 中我们不仅要学习如何使画面的色彩"正确",还可以通过调色技术的使用,制作各种各样风格化的色彩。

5.1 调色前的准备工作

5.1.1 调色关键词

在进行调色的过程中,我们经常会听到一些关键词,例如色调、色阶、曝光度、对比度、明度、纯度、饱和度、色相、颜色模式、直方图等。这些词大部分都与色彩的基本属性有关。下面就来简单了解一下色彩。

1. 色温(色性)

颜色除了色相、明度、纯度这三大属性外,还具有"温度"。色彩的"温度"也被称为色温、色性,是指色彩的冷暖倾向。倾向于蓝色的画面为冷色调,如图 5.1 所示;倾向于橘色的画面为暖色调,如图 5.2 所示。

图 5.1

图 5.2

2. 色调

"色调"也是我们经常提到的一个词语,指的是画面整体的颜色倾向。图 5.3 所示为青绿色调,图 5.4 所示为紫色调。

图 5.3

图 5.4

3. 影调

对于摄影作品而言,影调又称为照片的基调或调子,是指画面的明暗层次、虚实对比和色彩的色相明暗等之间的关系。影调的亮暗和反差不同,通常以亮暗将图像分为亮调、暗调和中间调,也可以反差将图像分为硬调、软调和中间调等多种形式。图 5.5 为亮调图像,图 5.6 为暗调图像。

图 5.5　　　　　　　　　　　　　　　　　　　　图 5.6

4. 颜色模式

颜色模式是指千千万万的颜色表现为数字形式的模型。简单来说,可以将图像的颜色模式理解为记录颜色的方式。在 Photoshop 中有多种颜色模式。执行"图像→模式"命令,可以将当前的图像更改为其他颜色模式:RGB 颜色模式、CMYK 颜色模式、HSB 颜色模式、Lab 颜色模式、位图模式、灰度模式、索引颜色模式、双色调模式和多通道模式。在拾色器对话框中可以选择不同的颜色模式进行颜色的设置。

5. 直方图

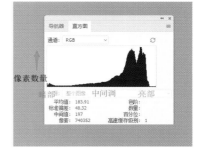

直方图是用图形来表示图像的每个亮度级别的像素数量。在直方图中横向代表亮度,左侧为暗部区域,中部为中间调区域,右侧为亮部(高光)区域。纵向代表像素数量,纵向越高表示分布在这个亮度级别的像素越多。(见图 5.7)

图 5.7

5.1.2　如何调色

在 Photoshop 的"图像"菜单中包含多种可以用于调色的命令,其中大部分位于"图像→调整"子菜单中,还有三个自动调色命令位于"图像"菜单下,这些命令可以直接作用于所选图层,如图 5.8 所示。执行"图层→新建调整图层"命令(见图 5.9),在子菜单中可以看到与"图像→调整"子菜单中相同的命令,这些命令起到的调色作用是相同的,但是其使用方式略有不同。

从这些调色命令的名称上大致能猜到这些命令起到的作用。所谓的"调色"是通过调整图像的明暗(亮度)、对比度、曝光度、饱和度、色相、色调等几大方面进行,从而实现图像整体颜色的改变。但如此多的调色命令,在真正调色时要从何处入手呢? 很简单,只要把握住这样几点即可:①校正画面整体的颜色错误;②细节美化;③帮助元素融入画面;④强化气氛,辅助主题表现。

5.1.3　调色必备"信息"面板

"信息"面板看似与调色操作没有关系,但是在"信息"面板中可以显示画面中取样点的颜色数值,通过数值的比对,能够分析出画面的偏色问题。执行"窗口→信息"命令,打开"信息"面板。配合"颜色取样器工具"的使用,"信息"面板的显示如图 5.10 所示。

图 5.8　　　　　　　　　　　　　　　　　图 5.9

图 5.10

5.1.4　使用调色命令调色

调色命令的种类虽然很多,但是其使用方法比较相似。首先选中需要操作的图层,单击"图像"菜单,将光标移动到"调整"命令上,在子菜单中可以看到很多调色命令,例如"色相/饱和度"。大部分调色命令都会弹出参数设置对话框,在此对话框中可以进行参数选项的设置。不过,"反相""去色""色调均化"命令没有参数调整对话框。比如单击"色相/饱和度"命令,弹出"色相/饱和度"对话框,在此对话框中可以看到很多滑块,尝试拖动滑块的位置,画面颜色就会发生变化,如图 5.11 和图 5.12 所示。

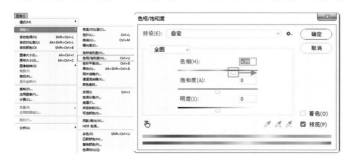

图 5.11　　　　　　　　　　　　　　　　　图 5.12

5.1.5　使用调整图层调色

选中一个需要调整的图层,执行"图层→新建调整图层"命令,在子菜单中可以看到很多命令,执行其中某一项。接着会弹出一个新建图层的对话框,在此可以设置调整图层的名称,单击"确定"按钮,接着在"图层"面板中可以看到新建的调整图层,如图5.13所示。

图5.13

5.2
自动调色命令

在"图像"菜单下有三个用于自动调整图像颜色的命令:"自动对比度""自动色调""自动颜色"。这三个命令无须进行参数设置,执行命令后,Photoshop会自动计算图像颜色和明暗中存在的问题并进行校正。这三个命令适合于处理一些数码照片常见的偏色或者偏灰、偏暗、偏亮等问题。

5.2.1　自动对比度

"自动对比度"命令常用于校正图像对比度过低的问题。打开一张对比度偏低的图像,画面看起来有些"灰",执行"图像→自动对比度"命令,偏灰的图像会被自动提高对比度,如图5.14所示。

图5.14

5.2.2　自动色调

"自动色调"命令常用于校正图像常见的偏色问题。打开一张略微有些偏色的图像,画面看起来有些偏黄,执行"图像→自动色调"命令,过多的黄色成分会被去除掉,如图 5.15 所示。

图 5.15

5.2.3 自动颜色

"自动颜色"命令主要用于校正图像中颜色的偏差,比如图 5.16(a)中的灰白色的背景偏向于红色,执行"图像→自动颜色"命令,则可以快速减少画面中的红色,如图 5.16(b)所示。

(a)   (b)

图 5.16

5.3
调整图像的明暗

在"图像→调整"菜单中有很多种调色命令,其中一部分调色命令主要针对图像的明暗进行调整。提高图像的明度可以使画面变亮,降低图像的明度可以使画面变暗。增强亮部区域的明亮程度并降低画面暗部区域的亮度则可以增强画面对比度,反之则会降低画面对比度。

5.3.1 亮度/对比度

"亮度/对比度"命令常用于使图像变得更亮/暗一些、校正"偏灰"即对比度过低的图像、增强对比度使图像更"抢眼"或弱化对比度使图像柔和。

执行"图像→调整→亮度/对比度"命令,打开"亮度/对比度"对话框,如图 5.17 所示;也可以执行"图层→新建调整图层→亮度/对比度"命令,创建一个"亮度/对比度"调整图层。

5.3.2　色阶

　　"色阶"命令主要用于调整画面的明暗程度以及增强或降低对比度。"色阶"命令的优势在于可以单独对画面的阴影、中间调、高光以及亮部、暗部区域进行调整,而且可以对各个颜色通道进行调整,以实现色彩调整的目的。

　　执行"图像→调整→色阶"命令(快捷键 Ctrl＋L),打开"色阶"对话框,如图 5.18 所示。

图 5.17

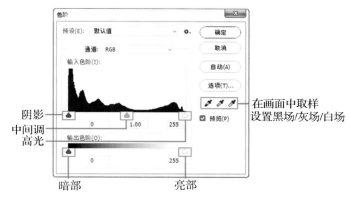

图 5.18

　　也可以执行"图层→新建调整图层→色阶"命令,创建一个"色阶"调整图层,图 5.19 所示为其属性设置面板。

5.3.3　曲线

　　"曲线"命令既可用于对画面的明暗和对比度进行调整,又常用于校正画面偏色问题以及调整出独特的色调效果。

　　执行"图像→调整→曲线"命令(快捷键 Ctrl＋M),打开"曲线"对话框。"曲线"对话框的左侧为曲线调整区域,在这里可以通过改变曲线的形态,调整画面的明暗程度。曲线段上半部分控制画面的亮部区域,曲线段的中间部分控制画面中间调区域,曲线段的下半部分控制画面暗部区域。在曲线上单击即可创建一个点,然后按住并拖动曲线上的点的位置以调整曲线形态,将曲线上的点向左上移动则会使图像变亮,将曲线上的点向右下移动可以使图像变暗。(见图 5.20)

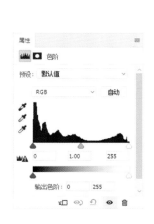

图 5.19

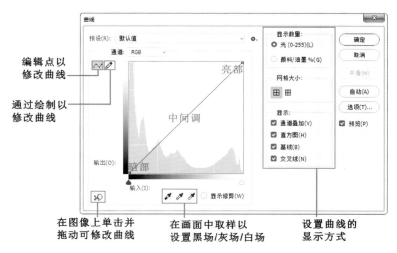

图 5.20

5.3.4　曝光度

"曝光度"命令主要用来校正图像曝光不足、曝光过度、对比度过低或过高的情况。

执行"图像→调整→曝光度"命令,打开"曝光度"对话框,如图 5.21 所示。也可执行"图层→新建调整图层→曝光度"命令,创建一个"曝光度"调整图层。在这里可以对曝光度数值进行设置,使图像变亮或者变暗。例如适当增大"曝光度"数值,可以使原本偏暗的图像变亮一些。

5.3.5　阴影/高光

"阴影/高光"命令可以单独对画面中的阴影区域或高光区域的明暗进行调整。该命令常用于恢复由于图像过暗造成的暗部细节缺失,解决图像过亮导致的亮部细节不明确等问题。

执行"图像→调整→阴影/高光"命令,打开"阴影/高光"对话框(见图 5.22),默认情况下只显示"阴影"和"高光"两个选项。增大阴影数值可以使画面暗部区域变亮,而增大"高光"数值则可以使画面亮部区域变暗,如图 5.23 所示。

图 5.21　　　　　　　　　　　　　　　　　　图 5.22

图 5.23

5.4

调整图像的色彩

图像调色一方面是针对画面明暗的调整,另一方面是针对画面色彩的调整。在"图像→调整"命令中有十几种可以针对图像色彩进行调整的命令,使用这些命令既可以校正偏色的问题,又能够为画面打造出各具特色的色彩风格。

5.4.1   自然饱和度

使用"自然饱和度"命令可以增加或减少画面颜色的鲜艳程度。"自然饱和度"命令常用于使外景照片更加明艳动人,或者打造出复古怀旧的低彩效果。

执行"图像→调整→自然饱和度"命令,打开"自然饱和度"对话框(见图5.24),在这里可以对"自然饱和度"以及"饱和度"数值进行调整。也可执行"图层→新建调整图层→自然饱和度"命令,创建一个"自然饱和度"调整图层。

5.4.2   色相/饱和度

"色相/饱和度"命令可以对图像整体或者局部的色相、饱和度以及明度进行调整,还可以对图像中的各个颜色如红、黄、绿、青、蓝、洋红的色相、饱和度、明度分别进行调整。"色相/饱和度"命令常用于更改画面局部的颜色,或者增强画面饱和度。

执行"图像→调整→色相/饱和度"命令(快捷键 Ctrl+U),打开"色相/饱和度"对话框,如图5.25所示。默认情况下,可以对整个图像的色相、饱和度、明度进行调整,例如调整色相滑块。也可执行"图层→新建调整图层→色相/饱和度"命令,创建一个"色相/饱和度"调整图层,画面的颜色就发生了变化,如图5.26所示。

图 5.24   图 5.25

图 5.26

5.4.3   色彩平衡

"色彩平衡"命令根据颜色的补色原理,控制图像颜色的分布。根据颜色之间的互补关系,要减少某种颜色就增加这种颜色的补色。所以,可以利用"色彩平衡"命令进行偏色问题的校正。

执行"图像→调整→色彩平衡"命令(快捷键 Ctrl＋B),打开"色彩平衡"对话框,如图 5.27 所示。在这里首先设置"色调平衡",选择需要处理的部分是阴影区域,或是中间调区域,还是高光区域。接着可以在上方调整各个色彩的滑块。

5.4.4　黑白

"黑白"命令可以去除画面中的色彩,将图像转换为黑白效果,在转换为黑白效果后还可以对画面中每种颜色的明暗程度进行调整。"黑白"命令常用于将彩色图像转换为黑白效果,也可以使用"黑白"命令制作单色图像。

执行"图像→调整→黑白"命令(快捷键 Alt＋Shift＋Ctrl＋B),打开"黑白"对话框(见图 5.28),在这里可以对各个颜色的数值进行调整,以设置各个颜色转换为灰度后的明暗程度。使用"黑白"命令前后对比效果如图 5.29 所示。

图 5.27

图 5.28

图 5.29

5.4.5　照片滤镜

"照片滤镜"命令与摄影师经常使用的"彩色滤镜"效果非常相似,可以为图像"蒙"上某种颜色,以使图像产生明显的颜色倾向。"照片滤镜"命令常用于制作冷调或暖调的图像。

执行"图像→调整→照片滤镜"命令,打开"照片滤镜"对话框。在"滤镜"下拉列表中可以选择一种预设的效果,将其应用到图像中,例如选择"冷却滤镜(80)",此时图像变为冷色调,如图 5.30 和图 5.31 所示。也可执行"图层→新建调整图层→照片滤镜"命令,创建一个"照片滤镜"调整图层。

图 5.30

图 5.31

5.4.6　通道混和器

使用"通道混和器"命令可以将图像中的颜色通道相互混合，能够对目标颜色通道进行调整和修复。该命令常用于偏色图像的校正。

执行"图像→调整→通道混和器"命令，打开"通道混和器"对话框（见图5.32），首先在"输出通道"列表中选择需要处理的通道，然后调整各个颜色滑块。也可执行"图层→新建调整图层→通道混和器"命令，创建"通道混和器"调整图层。

图 5.32

5.4.7　颜色查找

不同的数字图像输入和输出设备都有其特定的色彩空间，这也就导致同一幅画面在不同的设备之间传输产生的不匹配现象。选中一张图像，执行"图像→调整→颜色查找"命令，打开"颜色查找"对话框，在弹出的对话框中可以从以下方式中选择用于颜色查找的方式：3DLUT 文件、摘要、设备链接。在每种方式的下拉列表中选择合适的类型，选择完成后可以看到图像整体颜色呈现出风格化的效果。

5.4.8　反相

"反相"命令可以将图像中的颜色转换为它的补色，即红变绿、黄变蓝、黑变白，呈现出负片效果。

执行"图像→调整→反相"命令（快捷键 Ctrl＋I），即可得到反相效果（见图5.33）。对比效果可知，"反相"命令是一个可以逆向操作的命令。也可执行"图层→新建调整图层→反相"命令，创建一个"反相"调整图层。

图 5.33

5.4.9　色调分离

"色调分离"命令可以通过为图像设定色阶数目来减少图像的色彩数量，图像中多余的颜色会映射到最接近的匹配级别。执行"图像→调整→色调分离"命令，打开"色调分离"对话框，如图5.34所示。在"色调分离"对话框中可以进行"色阶"数量的设置：设置的"色阶"值越小，分离的色调越多；"色阶"值越大，保留的图像细节就越多。也可以执行"图层→新建调整图层→色调分离"命令，创建一个"色调分离"调整图层。

使用"色调分离"命令前后对比效果如图 5.35 所示。

图 5.34

图 5.35

5.4.10　阈值

"阈值"命令可以将图像转换为只有黑白两色的效果。执行"图像→调整→阈值"命令,打开"阈值"对话框(见图 5.36)。在"阈值色阶"数值框中可以指定一个色阶作为阈值,高于当前色阶的像素都将变为白色,低于当前色阶的像素都将变为黑色,如图 5.37 所示。

图 5.36

图 5.37

5.4.11　渐变映射

"渐变映射"是先将图像转换为灰度图像,然后设置一个渐变,将渐变中的颜色按照图像的灰度范围一一映射到图像中,使图像中只保留渐变中存在的颜色。执行"图像→调整→渐变映射"命令,打开"渐变映射"对话框,单击"灰度映射所用的渐变",打开"渐变编辑器"对话框,在该对话框中可以选择或重新编辑一种渐变并将其应用到图像上,如图 5.38 所示。也可以执行"图层→新建调整图层→渐变映射"命令,创建一个"渐变映射"调整图层。

使用"渐变映射"命令前后对比效果如图 5.39 所示。

5.4.12　可选颜色

使用"可选颜色"命令可以为图像中各个颜色通道增加或减少某种印刷色的成分含量。使用"可选颜色"命令可以非常方便地对画面中某种颜色的色彩倾向进行更改。

执行"图像→调整→可选颜色"命令,打开"可选颜色"对话框,首先选择需要处理的"颜色",然后调整下方的色彩滑块。图 5.40 中是对"红色"进行调整,减少其中青色的成分,相当于增多青色的补色红色,增多其中黄色的成分。所以画面中包含红色的部分,比如皮肤部分被添加了红色和黄色,显得非常"暖",如图5.41所示。也可执行"图层→新建调整图层→可选颜色"命令,创建一个"可选颜色"调整图层。

图 5.38

图 5.39

图 5.40

图 5.41

5.4.13　HDR 色调

"HDR色调"命令常用于处理风景照片,可以增强画面亮部和暗部的细节和颜色感,使图像更具有视觉冲击力。

执行"图像→调整→HDR色调"命令,打开"HDR色调"对话框(见图5.42),采用默认的参数就可增强图像的细节感和颜色感,如图5.43所示。

图 5.42

图 5.43

5.4.14　去色

"去色"命令无须设置任何参数,可以直接将图像中的颜色去掉,使其成为灰度图像。

打开一张图像,执行"图像→调整→去色"命令(快捷键 Shift+Ctrl+U),可以将其调整为灰度效果,如图 5.44 所示。

图 5.44

5.4.15　匹配颜色

"匹配颜色"命令可以将一个图像中的色彩关系映射到另一个图像中,使被映射的图像产生与之相同的色彩。使用"匹配颜色"命令可以便捷地更改图像颜色,可以在不同的图像文件中进行"匹配",也可以匹配同一个文档中不同图层之间的颜色。

首先打开需要处理的图像,如图 5.45 所示,图像 1 为黄色调。接着将用于匹配的"源"图片置入,如图 5.46 所示,图像 2 为紫色调。选择图像 1 所在的图层,隐藏其他图层,然后执行"图像→调整→匹配颜色"命令,弹出"匹配颜色"对话框,设置源为当前的文档,然后选择图层为紫色调的图像 2 所在的图层,此时图像 1 变为了紫色调,如图 5.47 所示。

图 5.45　　　　　　　　　　　　　　　　　　图 5.46

图 5.47

5.4.16　替换颜色

　　"替换颜色"命令可以修改图像中选定颜色的色相、饱和度和明度,从而将选定的颜色替换为其他颜色。如果要更改画面中某个区域的颜色,常规的方法是先得到选区,然后填充其他颜色。而使用"替换颜色"命令可以免去很多麻烦,可以通过在画面中单击拾取的方式,直接对图像中指定颜色进行色相、饱和度以及明度的修改,即可实现颜色的更改。

　　选择一个需要调整的图层,执行"图像→调整→替换颜色"命令,打开"替换颜色"对话框。首先需要在画面中取样,以设置需要替换的颜色。默认情况下选择的是"吸管工具",将光标移动到需要替换颜色的位置,单击拾取颜色,此时缩览图中白色的区域代表被选中,也就是会被替换的部分。在拾取需要替换的颜色时,可以配合容差值进行调整。如果有未选中的位置,可以使用"添加到取样"工具在未选中的位置单击。接着再更改"色相""饱和度"和"明度"选项去调整替换的颜色,"结果"色块显示着替换后的颜色效果,设置完成后单击"确定"按钮。(见图 5.48 至图 5.50)

图 5.48

图 5.49

图 5.50

5.4.17 色调均化

"色调均化"命令可以将图像中全部像素的亮度值重新分布,使图像中最亮的像素变成白色,最暗的像素变成黑色,中间的像素均匀分布在整个灰度范围内。选择需要处理的图层,执行"图像→调整→色调均化"命令,使图像均匀地呈现出所有范围的亮度级,如图 5.51 所示。

图 5.51

如果图像中存在选区,执行"色调均化"命令时会弹出一个对话框,用于设置色调均化的选项。如果想要只处理选区中的部分,则选择"仅色调均化所选区域"。如果选择"基于所选区域色调均化整个图像",则可以按照选区内的像素明暗,均化整个图像。

5.5
综 合 实 例

在图 5.52 的基础上,打造清新淡雅色调照片效果,如图 5.53 所示。

图 5.52   图 5.53

Photoshop Pingmian Zhizuo Jichu

第6章

图层混合与图层样式

本章讲解的是图层的高级功能:图层的透明效果、混合模式与图层样式。这几项功能是设计制图中经常需要使用的功能,不透明度与混合模式的使用方法非常简单,常用在多图层混合中。而图层样式则可以为图层添加描边、阴影、发光、颜色、渐变、图案以及立体感的效果,图层样式的参数可控性较强,能够轻松制作出各种各样的常见效果。

6.1
图层透明设置

　　想要使图层产生透明效果,需要在"图层"面板中进行设置。由于透明效果是应用于图层本身的,所以在设置透明度之前需要在"图层"面板中选中需要设置的图层,接着可以在"图层"面板的顶部看到"不透明度"和"填充"这两个选项,如图 6.1 所示。它们的默认数值为 100%,表示图层完全不透明,可以在选项后方的数值框中直接输入数值以调整图层的透明效果。这两项都是用于制作图层透明效果的,数值越大图层越不透明;数值越小图层越透明。不同不透明度数值的效果对比如图 6.2 所示。

图 6.1　　　　　　　　　　　　　　图 6.2

6.1.1　设置不透明度

　　不透明度作用于整个图层,包括图层本身的形状内容、像素内容、图层样式、智能滤镜等的透明属性。
　　单击"图层"面板中的某一图层,单击不透明度数值后方的下拉箭头,可以通过移动滑块来调整不透明度效果。还可以将光标定位在"不透明度"文字上,按住鼠标左键并向左或右拖动,也可以调整不透明度效果。(见图 6.3)

6.1.2　填充:设置图层本身的透明效果

　　与不透明度相似,填充也可以使图层产生透明效果。但是设置填充只影响图层本身内容,对附加的图层样式等效果部分没有影响。例如将"填充"数值调整为 20%,图层本身内容变透明了,而描边等图层样式还完整地显示着,如图 6.4 所示。
　　图层的混合模式是指当前图层中的像素与下方图像之间像素的颜色混合。混合模式不仅在"图层"面板中可以操作,在绘图工具、修饰工具、颜色填充工具等情况下都可以使用。

图 6.3　　　　　　　　　　　　　　图 6.4

6.2
混 合 模 式

6.2.1　设置混合模式

在"图层"面板中图层混合模式下拉列表中可以看到其中包含很多种混合模式,被分为 6 组,如图 6.5 所示。在选中了某一种图层样式后,保持图层样式按钮处于"选中"状态,然后滚动鼠标中轮(见图 6.6),即可快速查看各种混合模式的效果,这样也方便我们找到一种合适的混合模式。

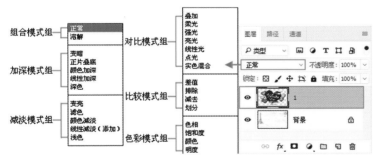

图 6.5

图 6.6

6.2.2　组合模式组

组合模式组包括两种模式:"正常"和"溶解"。默认情况下,新建的图层或置入的图层模式均为"正常"(见图 6.7),这种模式下"不透明度"为 100％时则完全遮挡下方图层,降低该图层的不透明度可以隐约显露出下方图层,如图 6.8 所示。

"溶解"模式会使图像中不透明度区域的像素产生离散效果。"溶解"模式在降低图层的"不透明度"或"填充"数值时才能起作用,这两个参数的数值越小,像素离散效果越明显,如图 6.9 所示。

图 6.7　　　　　　　　　　　　　　　　　　　图 6.8

不透明度：80%　　　　　　　　　　　不透明度：50%

图 6.9

6.2.3　加深模式组

加深模式组包含 5 种混合模式，这些混合模式可以使当前图层的白色像素被下层较暗的像素替代，使图像产生变暗效果。图 6.10 所示为图层混合模式原图，对其应用各种图层混合模式的效果如下。

● 变暗：比较每个通道中的颜色信息，并选择基色或混合色中较暗的颜色作为结果色，同时替换比混合色亮的像素，而比混合色暗的像素保持不变，如图 6.11 所示。

● 正片叠底：任何颜色与黑色混合产生黑色，任何颜色与白色混合保持不变，如图 6.12 所示。

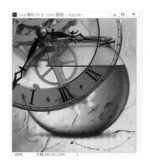

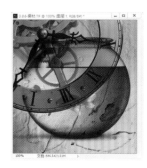

图 6.10　　　　　　　　　　图 6.11　　　　　　　图 6.12

● 颜色加深：通过增加上下层图像之间的对比度来使像素变暗，与白色混合后不产生变化，如图 6.13 所示。

● 线性加深：通过减小亮度使像素变暗，与白色混合不产生变化，如图 6.14 所示。

● 深色:比较两个图像的所有通道的数值的总和,然后显示数值较小的颜色,如图6.15所示。

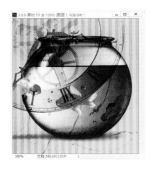

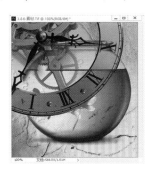

图6.13　　　　　　　　　　图6.14　　　　　　　　　　图6.15

6.2.4　减淡模式组

减淡模式组包含5种混合模式。这些模式会使图像中黑色的像素被较亮的像素替换,而任何比黑色亮的像素都可能提亮下层图像,所以减淡模式组中的模式会使图像变亮。

● 变亮:比较每个通道中的颜色信息,并选择基色或混合色中较亮的颜色作为结果色,同时替换比混合色暗的像素,而比混合色亮的像素保持不变,如图6.16所示。

● 滤色:与黑色混合时颜色保持不变,与白色混合时产生白色,如图6.17所示。

● 颜色减淡:通过减小上下层图像之间的对比度来提亮底层图像的像素,如图6.18所示。

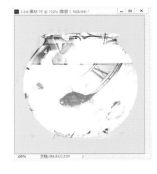

图6.16　　　　　　　　　　图6.17　　　　　　　　　　图6.18

● 线性减淡(添加):与"线性加深"模式产生的效果相反,可以通过提高亮度来减淡颜色,如图6.19所示。

● 浅色:比较两个图像的所有通道的数值的总和,然后显示数值较大的颜色,如图6.20所示。

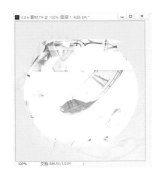
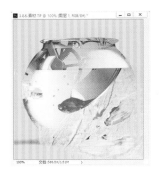

图6.19　　　　　　　　　　图6.20

6.2.5 对比模式组

对比模式组包括 7 种混合模式,使用这些混合模式可以使图像中 50% 的灰色完全消失,亮度值高于 50% 灰色的像素都提亮下层的图像,亮度值低于 50% 灰色的像素则使下层图像变暗,以此加强图像的明暗差异。

- 叠加:对颜色进行过滤并提亮上层图像,具体取决于底层颜色,同时保留底层图像的明暗对比,如图 6.21 所示。

- 柔光:使颜色变暗或变亮,具体取决于当前图像的颜色。如果上层图像比 50% 灰色亮,则图像变亮;如果上层图像比 50% 灰色暗,则图像变暗,如图 6.22 所示。

- 强光:对颜色进行过滤,具体取决于当前图像的颜色。如果上层图像比 50% 灰色亮,则图像变亮;如果上层图像比 50% 灰色暗,则图像变暗,如图 6.23 所示。

- 亮光:通过增加或减小对比度来加深或减淡颜色,具体取决于上层图像的颜色。如果上层图像比 50% 灰色亮,则图像变亮;如果上层图像比 50% 灰色暗,则图像变暗,如图 6.24 所示。

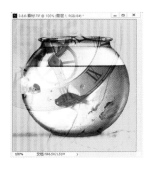   

图 6.21   图 6.22   图 6.23   图 6.24

- 线性光:通过减小或增加亮度来加深或减淡颜色,具体取决于上层图像的颜色。如果上层图像比 50% 灰色亮,则图像变亮;如果上层图像比 50% 灰色暗,则图像变暗,如图 6.25 所示。

- 点光:根据上层图像的颜色来替换颜色。如果上层图像比 50% 灰色亮,则替换比较暗的像素;如果上层图像比 50% 灰色暗,则替换较亮的像素,如图 6.26 所示。

- 实色混合:将上层图像的 RGB 通道值添加到底层图像的 RGB 值。如果上层图像比 50% 灰色亮,则使底层图像变亮;如果上层图像比 50% 灰色暗,则使底层图像变暗,如图 6.27 所示。

 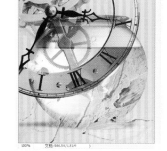 

图 6.25   图 6.26   图 6.27

6.2.6　比较模式组

比较模式组包含 4 种混合模式,这些混合模式可以对比当前图像与下层图像的颜色差别,将颜色相同的区域显示为黑色,不同的区域显示为灰色或彩色。如果当前图层中包含白色,那么白色区域会使下层图像反相,而黑色不会对下层图像产生影响。

- 差值:上层图像与白色混合将反转底层图像的颜色,与黑色混合则不产生变化,如图 6.28 所示。
- 排除:创建一种与"差值"混合模式相似但对比度更低的混合效果,如图 6.29 所示。
- 减去:从目标通道中相应的像素上减去源通道中的像素值,如图 6.30 所示。
- 划分:比较每个通道中的颜色信息,然后从底层图像中划分上层图像,如图 6.31 所示。

 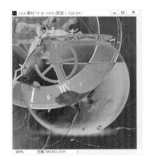  

图 6.28　　　　　　图 6.29　　　　　　　图 6.30　　　　　　　图 6.31

6.2.7　色彩模式组

色彩模式组包括 4 种混合模式,这些混合模式会自动识别图像的颜色属性,即色相、饱和度和亮度,然后将其中的一种或两种应用在混合后的图像中。

- 色相:用底层图像的明亮度和饱和度以及上层图像的色相来创建结果色,如图 6.32 所示。
- 饱和度:用底层图像的明亮度和色相以及上层图像的饱和度来创建结果色,在饱和度为 0 的灰度区域应用该模式不会产生任何变化,如图 6.33 所示。
- 颜色:用底层图像的明亮度以及上层图像的色相和饱和度来创建结果色,这样可以保留图像中的灰阶,对于为单色图像上色或给彩色图像着色非常有用,如图 6.34 所示。
- 明度:用底层图像的色相和饱和度以及上层图像的明亮度来创建结果色,如图 6.35 所示。

图 6.32　　　　　　图 6.33　　　　　　　图 6.34　　　　　　　图 6.35

6.3
图层样式设置

　　图层样式是一种附加在图层上的特殊效果,比如浮雕、描边、光泽、发光、投影等,这些样式可以单独使用,也可以同时使用。Photoshop 中共有 10 种图层样式,即斜面和浮雕、描边、内阴影、内发光、光泽、颜色叠加、渐变叠加、图案叠加、外发光与投影,从名称中就能够猜到这些样式是用来做什么效果的。图 6.36 所示是没有设置图层样式的效果,图 6.37 所示是对图 6.36 应用各种图层样式的效果。

图 6.36

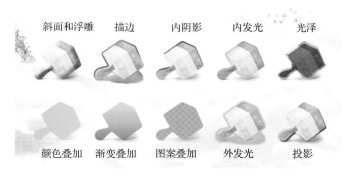

图 6.37

6.3.1　使用图层样式

1. 添加图层样式

　　想要使用图层样式,首先需要选中图层并且不能是空图层。接着执行"图层→图层样式"命令,在子菜单中可以看到图层样式的名称以及图层样式的相关命令。单击某一项图层样式命令,即可弹出"图层样式"对话框。(见图 6.38)

2. 编辑已添加的图层样式

　　为图层添加了图层样式后,在"图层"面板中该图层上会出现已添加的样式列表,单击向下的小箭头即可展开图层样式堆栈,在"图层"面板中双击该样式的名称,弹出"图层样式"对话框,进行参数的修改即可。(见图 6.39)

图 6.38

图 6.39

3. 拷贝和粘贴图层样式

当我们已经制作好了一个图层的样式,其他图层或者其他文件中的图层也需要使用相同的样式时,我们可以使用拷贝图层样式功能来快速赋予其他图层相同的样式。选择需要复制图层样式的图层,在图层名称上单击鼠标右键,执行"拷贝图层样式"命令。接着选择目标图层,单击鼠标右键,执行"粘贴图层样式"命令,此时目标图层也出现了相同的样式。(见图6.40)

4. 缩放图层样式

图层样式的参数大小在很大程度上能够影响该图层的显示效果。有时我们为一个图层赋予了某个图层样式后,可能会发现该样式的尺寸与本图层的尺寸不成比例,那么此时就可以对该图层样式进行缩放。展开图层样式列表,在图层样式上单击右键,执行"缩放效果"命令,然后在弹出的对话框中设置缩放数值,经过缩放的图层样式尺寸会发生相应的放大或缩小。(见图6.41)

图6.40   图6.41

5. 隐藏图层效果

展开图层样式列表,在每个图层样式前都有一个可用于切换显示或隐藏的"小眼睛"图标。单击"效果"前的"小眼睛"图标,可以隐藏该图层的全部样式;单击单个样式前的"小眼睛"图标,则只隐藏单个样式。(见图6.42)

6. 去除图层样式

想要去除图层的样式,可以在该图层上单击鼠标右键,执行"清除图层样式"命令。如果只想去除众多样式中的一种,可以展开样式列表,将某一样式拖拽到"删除图层"按钮上,就可以删除某个图层样式。

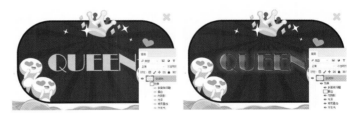

图6.42

7. 栅格化图层样式

与栅格化文字、栅格化智能对象、栅格化矢量图层相同,栅格化图层样式可以将图层样式变为普通图层的一个部分,使图层样式部分像普通图层中的其他部分一样可以进行编辑处理。在该图层上单击鼠标右键,执行"栅格化图层样式"命令,此时该图层的图层样式也出现在图层的内容中了。

6.3.2 斜面和浮雕

"斜面和浮雕"样式可以为图层模拟从表面凸起的立体感。在"斜面和浮雕"样式中包含多种凸起效果,比如"外斜面""内斜面""浮雕效果""枕状浮雕""描边浮雕"。"斜面和浮雕"样式主要通过为图层添加高光与阴影,使图像产生立体感,常用于制作有立体感的文字或者带有厚度感的对象效果。选中图层,执行"图层→图层样式→斜面和浮雕"命令,打开斜面和浮雕参数设置界面,所选图层会产生凸起效果。(见图 6.43 和图 6.44)

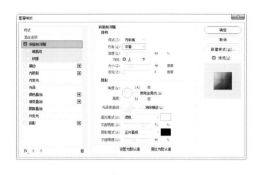

图 6.43　　　　　　　　　　　　　　　　　　图 6.44

● 样式:从列表中选择斜面和浮雕的样式,其中包括"外斜面""内斜面""浮雕效果""枕状浮雕""描边浮雕"。选择"外斜面",可以在图层内容的外侧边缘创建斜面。选择"内斜面",可以在图层内容的内侧边缘创建斜面。选择"浮雕效果",可以使图层内容相对于下层图层产生浮雕状的效果。选择"枕状浮雕",可以模拟图层内容的边缘嵌到下层图层中产生的效果。选择"描边浮雕",可以将浮雕应用于图层的"描边"样式的边界,如果图层没有"描边"样式,则不会产生效果。

● 方法:用来选择创建浮雕的方法。选择"平滑",可以得到比较柔和的边缘。选择"雕刻清晰",可以得到最精确的浮雕边缘。选择"雕刻柔和",可以得到中等水平的浮雕效果。

● 深度:用来设置浮雕斜面的应用深度,该值越大,浮雕的立体感越强。

● 方向:用来设置高光和阴影的位置,该选项与光源的角度有关。

● 大小:该选项表示斜面和浮雕的阴影面积的大小。

● 软化:用来设置斜面和浮雕的平滑程度。

● 角度:用来设置光源的发光角度。

● 高度:用来设置光源的高度。

● 使用全局光:如果勾选该选项,那么所有浮雕样式的光照角度都将保持在同一个方向。

● 光泽等高线:选择不同的等高线样式,可以为斜面和浮雕的表面添加不同的光泽质感,也可以自己编辑等高线样式。

● 消除锯齿:在设置了光泽等高线后,斜面边缘可能会产生锯齿,勾选该选项可以消除锯齿。

● 高光模式/不透明度:这两个选项用来设置高光的混合模式和不透明度,后面的色块用于设置高光的颜色。

● 阴影模式/不透明度:这两个选项用来设置阴影的混合模式和不透明度,后面的色块用于设置阴影的颜色。

1. 等高线

在样式列表中"斜面和浮雕"样式下方还有两个样式:"等高线"和"纹理"。单击"斜面和浮雕"样式下面的"等高线"选项,切换到等高线参数设置界面。使用"等高线"样式可以在浮雕中创建凹凸起伏的效果。(见图 6.45 和图 6.46)

2. 纹理

勾选图层样式列表中的"纹理"选项,启用该样式,并切换到纹理参数设置界面。"纹理"样式可以为图层表面模拟凹凸效果。(见图 6.47 和图 6.48)

图 6.45

图 6.46

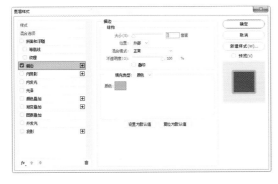

图 6.47

图 6.48

- 图案：单击"图案"，可以在弹出的图案拾色器中选择一个图案，并将其应用到斜面和浮雕上。
- 贴紧原点：将原点对齐图层或文档的左上角。
- 缩放：用来设置图案的大小。
- 深度：用来设置图案纹理的使用程度。
- 反相：勾选该选项以后，可以反转图案纹理的凹凸方向。
- 与图层链接：勾选该选项以后，可以将图案和图层链接在一起，这样在对图层进行变换等操作时，图案也会跟着一同变换。

6.3.3　描边

"描边"样式能够在图层的边缘处添加纯色、渐变色以及图案。通过参数设置可以使描边处于图层边缘以内的部分、图层边缘以外的部分，或者使描边出现在图层边缘内外。选中图层，执行"图层→图层样式→描边"命令，在描边参数设置界面中可以对描边大小、位置、混合模式、不透明度、填充类型以及填充内容进行设置。（见图 6.49 和图 6.50）

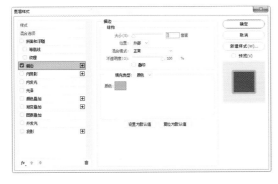

图 6.49

图 6.50

- 大小：用于设置描边的粗细，数值越大，描边越粗。
- 位置：用于设置描边与对象边缘的相对位置。选择"外部"，描边位于对象边缘以外；选择"内部"，描边则位于对象边缘以内；选择"居中"，描边一半位于对象轮廓以外，一半位于对象轮廓以内。
- 混合模式：用于设置描边内容与底部图层或本图层的混合方式。

- 不透明度：用于设置描边的不透明度，数值越小，描边越透明。
- 叠印：勾选此选项，描边的不透明度和混合模式会应用于原图层内容表面。
- 填充类型：在列表中可以选择描边的类型，包括"渐变""颜色""图案"，选择不同方式，下方的参数设置也不相同。
- 颜色：当填充类型为"颜色"时，可以在此处设置描边的颜色。

6.3.4　内阴影

"内阴影"样式可以为图层添加从边缘向内产生的阴影，这种样式会使图层内容产生凹陷效果。选中图层，执行"图层→图层样式→内阴影"命令，在内阴影参数设置界面中可以对内阴影的结构以及品质进行设置。（见图6.51和图6.52）

- 混合模式：用来设置内阴影与图层的混合方式，默认设置为"正片叠底"模式。
- 阴影颜色：单击"混合模式"选项右侧的颜色块，可以设置内阴影的颜色。
- 不透明度：设置内阴影的不透明度。数值越小，内阴影越淡。

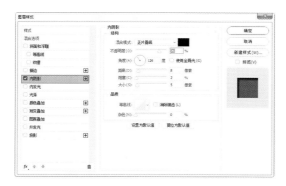

图6.51　　　　　　　　　　　　　　　　　　图6.52

- 角度：用来设置内阴影应用于图层时的光照角度，指针方向为光源方向，相反方向为投影方向。
- 使用全局光：当勾选该选项时，可以保持所有光照的角度一致；关闭该选项时，可以为不同的图层分别设置光照角度。
- 距离：用来设置内阴影偏移图层内容的距离。
- 阻塞：可以在模糊之前收缩内阴影的边界。"大小"选项与"阻塞"选项是相互关联的，"大小"数值越大，可设置的"阻塞"范围就越大。
- 大小：用来设置投影的模糊范围，该值越大，模糊范围越广，反之内阴影越清晰。
- 等高线：以调整曲线的形状来控制内阴影的形状，可以手动调整曲线形状，也可以选择内置的等高线预设。
- 消除锯齿：混合等高线边缘的像素，使投影更加平滑。该选项对于尺寸较小且具有复杂等高线的内阴影比较实用。
- 杂色：用来在投影中添加杂色的颗粒感效果，数值越大，颗粒感越强。

6.3.5　内发光

"内发光"样式主要用于产生从图层边缘向内发散的光亮效果。选中图层，执行"图层→图层样式→内发光"命令，在内发光参数设置界面中可以对内发光的结构、图素以及品质进行设置。（见图6.53和图6.54）

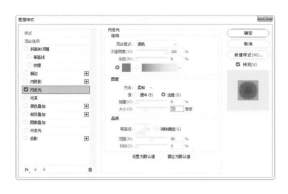

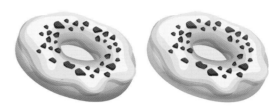

图 6.53   图 6.54

- 混合模式:设置发光效果与下面图层的混合方式。
- 不透明度:设置发光效果的不透明度。
- 杂色:在发光效果中添加随机的杂色效果,使光晕产生颗粒感。
- 发光颜色:单击"杂色"选项下面的颜色块,可以设置发光颜色;单击颜色块后面的渐变条,可以在"渐变编辑器"对话框中选择或编辑渐变色。
- 方法:用来设置发光的方式。选择"柔和"选项,发光效果比较柔和;选择"精确"选项,可以得到精确的发光边缘。
- 源:控制光源的位置。
- 阻塞:用来在模糊之前收缩发光的杂边边界。
- 大小:设置光晕范围的大小。
- 等高线:使用等高线可以控制发光的形状。
- 范围:控制发光中作为等高线目标的部分或范围。
- 抖动:改变渐变的颜色和不透明度的应用。

6.3.6 光泽

"光泽"样式可以为图层添加收到光线照射后,表面产生的映射效果。"光泽"样式通常用来制作具有光泽质感的按钮和金属。选中图层,执行"图层→图层样式→光泽"命令,在光泽参数设置界面中可以对光泽的颜色、混合模式、不透明度、角度、距离、大小、等高线进行设置。(见图 6.55 和图 6.56)

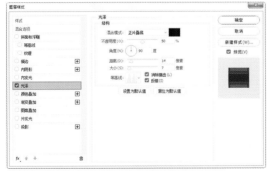

图 6.55   图 6.56

6.3.7 颜色叠加

"颜色叠加"样式可以为图层整体赋予某种颜色。选中图层,执行"图层→图层样式→颜色叠加"命令,

在颜色叠加参数设置界面中可以通过调整颜色的混合模式与不透明度来调整该图层的效果。(见图 6.57 和图 6.58)

图 6.57   图 6.58

6.3.8   渐变叠加

"渐变叠加"样式与"颜色叠加"样式非常接近,都是以特定的混合模式与不透明度使某种色彩混合于所选图层,但是"渐变叠加"样式是以渐变颜色对图层进行覆盖。所以,该样式主要用于使图层产生某种渐变色的效果。"渐变叠加"样式不仅仅能够制作带有多种颜色的对象,更能够通过巧妙的渐变颜色设置制作出突起、凹陷等三维效果以及带有反光的质感效果。选中图层,执行"图层→图层样式→渐变叠加"命令,在渐变叠加参数设置界面中可以对渐变叠加的渐变颜色、混合模式、角度、缩放等参数进行设置。(见图 6.59 和图 6.60)

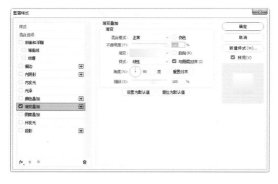

图 6.59   图 6.60

6.3.9   图案叠加

"图案叠加"样式与前两种叠加样式的原理相似,"图案叠加"样式可以在图层上叠加图案。选中图层,执行"图层→图层样式→图案叠加"命令,在图案叠加参数设置界面中可以对图案叠加的图案、混合模式、不透明度等参数进行设置。(见图 6.61 和图 6.62)

6.3.10   外发光

"外发光"样式与"内发光"样式非常相似,"外发光"样式可以沿图层内容的边缘向外创建发光效果。选中图层,执行"图层→图层样式→外发光"命令,在外发光参数设置界面中可以对外发光的结构、图素以及品

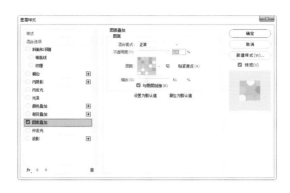

图 6.61　　　　　　　　　　　　　　　图 6.62

质进行设置。外发光效果可用于制作自发光效果以及人像或者其他对象的梦幻般的光晕效果。(见图 6.63
和图 6.64)

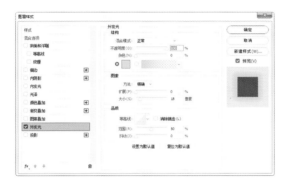

图 6.63　　　　　　　　　　　　　　　图 6.64

6.3.11　投影

　　"投影"样式与"内阴影"样式比较相似,"投影"样式用于制作图层内容边缘向后产生的阴影效果。选中
图层,执行"图层→图层样式→投影"命令,接着可以通过设置参数来增强某部分的层次感以及立体感。(见
图 6.65 和图 6.66)

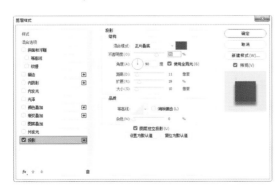

图 6.65　　　　　　　　　　　　　　　图 6.66

- 混合模式:用来设置投影与下面图层的混合方式,默认设置为"正片叠底"模式。
- 阴影颜色:单击"混合模式"选项右侧的颜色块,可以设置阴影的颜色。
- 不透明度:设置投影的不透明度。数值越小,投影越淡。

- 角度：用来设置投影应用于图层时的光照角度，指针方向为光源方向，相反方向为投影方向。
- 使用全局光：当勾选该选项时，可以保持所有光照的角度一致；关闭该选项时，可以为不同的图层分别设置光照角度。
- 距离：用来设置投影偏移图层内容的距离。
- 扩展：用来设置投影的扩展范围。注意，该值会受到"大小"选项的影响。
- 大小：用来设置投影的模糊范围，该值越大，模糊范围越广，反之投影越清晰。
- 等高线：以调整曲线的形状来控制投影的形状，可以手动调整曲线形状，也可以选择内置的等高线预设。
- 消除锯齿：混合等高线边缘的像素，使投影更加平滑。该选项对于尺寸较小且具有复杂等高线的投影比较实用。
- 杂色：用来在投影中添加杂色的颗粒感效果，数值越大，颗粒感越强。
- 图层挖空投影：用来控制半透明图层中投影的可见性。勾选该选项后，如果当前图层的"填充"数值小于100％，则半透明图层中的投影不可见。

6.4
"样式"面板

图层样式是平面设计中非常常用的一项功能。很多时候，在不同的设计作品中可能会使用到相同的样式，那么我们就可以将这些相同的样式储存到"样式"面板中，以供调用。同时，我们也可以载入外部的样式库文件，使用已经编辑好的漂亮样式。执行"窗口→样式"命令，打开"样式"面板，在"样式"面板中可以进行载入、删除、重命名样式等操作。

6.4.1　为图层快速赋予样式

选中一个图层，执行"窗口→样式"命令，打开"样式"面板，单击其中一个图层样式，该图层上就会出现相应的图层样式。（见图6.67和图6.68）

图6.67

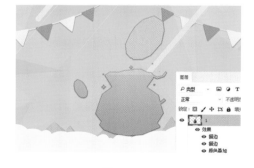

图6.68

6.4.2　载入其他的内置图层样式

默认情况下，"样式"面板中只显示很少的样式供使用，但是在"样式"面板菜单的下半部分还包含着大量的预设样式库。单击菜单中的某—种样式库,系统会弹出一个提示对话框。单击"确定"按钮,可以载入样式库并替换掉"样式"面板中的所有样式;单击"追加"按钮,则该样式库会添加到原有样式的后面。(见图6.69)

6.4.3 创建新样式

对于一些比较常用的样式效果,我们可以将其储存在"样式"面板中以备调用。首先选中制作好的带有图层样式的图层,然后在"样式"面板下单击"创建新的样式"按钮,接着在弹出的"新建样式"对话框中为样式设置一个名称,勾选"包含图层混合选项"选项,创建的样式将具有图层中的混合模式,单击"确定"按钮后,新建的样式会保存在"样式"面板中。(见图6.70)

图 6.69   图 6.70

6.4.4 将样式储存为"样式库"

已经储存在"样式"面板中的样式在重新安装 Photoshop 或者重装电脑系统后可能都会消失。为了避免这种情况的发生,也为了能够在不同设备上轻松使用到之前常用的图层样式,我们可以将"样式"面板中的部分样式储存为独立的文件——样式库。执行"编辑→预设→预设管理器"命令,打开"预设管理器"对话框,设置预设类型为"样式",然后选择需要储存的样式(可以多选),接着单击"存储设置"按钮,选择一个存储路径即可完成,得到一个格式为".asl"的样式库文档。(见图6.71)

6.4.5 外挂样式库

上一节我们学会了将"样式"导出为".asl"的样式库文件,那么如何载入".asl"的样式库文件呢?

如果想要载入外部样式库素材文件,可以在"样式"面板菜单中执行"载入样式"命令,并选择".asl"格式的样式库文件即可。(见图6.72)

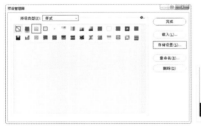

图 6.71   图 6.72

6.5
综 合 实 例

利用图层样式等功能制作一款游戏宣传页面,效果如图 6.73 所示。

图 6.73

Photoshop Pingmian Zhizuo Jichu

第 7 章
蒙版与合成

"蒙版"原本是摄影术语,是指用于控制照片不同区域曝光的传统暗房技术。在 Photoshop 中蒙版主要用于画面的修饰与合成。在 Photoshop 中共有四种蒙版:剪贴蒙版、图层蒙版、矢量蒙版和快速蒙版。这四种蒙版的原理与操作方式各不相同,本章主要讲解 Photoshop 中四种蒙版的使用方法。

7.1
什么是"蒙版"

在制作合成作品的过程中,经常需要将图片的某些部分隐藏,以便于显示出特定内容。直接擦掉或者删除多余的部分是一种"破坏性"的操作,被删除的像素无法复原。而借助 Photoshop 中的蒙版功能则能够轻松地隐藏部分区域,而且如果想要显示出被隐藏的区域也是可以实现的。(见图 7.1)

图 7.1

在 Photoshop 中共有四种蒙版:剪贴蒙版、图层蒙版、矢量蒙版和快速蒙版。这四种蒙版的原理与操作方式各不相同,下面我们简单了解一下各种蒙版的特性。

剪贴蒙版:以下层图层的"形状"控制上层图层显示"内容"。常用于合成中为某个图层上赋予另外一个图层中的内容。

图层蒙版:通过"黑白"来控制图层内容的显示和隐藏。图层蒙版是经常使用的功能,常用于合成中图像某部分区域的隐藏。

矢量蒙版:以路径的形态控制图层内容的显示和隐藏。路径以内的部分被显示,路径以外的部分被隐藏。由于以矢量路径进行控制,所以可以实现蒙版的无损缩放。

快速蒙版:以"绘图"的方式创建各种随意的选区。与其说是一种蒙版,不如称之为选区工具。

7.2
剪 贴 蒙 版

剪贴蒙版需要至少两个图层才能够使用。其原理是通过使用处于下方图层,即基底图层的形状,限制上方图层,即内容图层的显示内容。也就是说,基底图层的形状决定了形状,而内容图层则控制显示的图案。(见图 7.2)

图 7.2

7.2.1 创建剪贴蒙版

想要创建剪贴蒙版,必须有两个或两个以上的图层,一个作为基底图层,其他的图层可作为内容图层。例如我们打开了一个包含多个图层的文档,接着在用作内容图层的图层上单击鼠标右键,执行"创建剪贴蒙版"命令,如图 7.3 所示。接着内容图层前方出现了符号,表明此时已经为下方的图层创建了剪贴蒙版,此时内容图层只显示了下方文字图层中的部分,如图 7.4 所示。

图 7.3

7.2.2 释放剪贴蒙版

如果想要去除剪贴蒙版,可以在剪贴蒙版组中最底部的内容图层上单击鼠标右键,然后在弹出的菜单中选择"释放剪贴蒙版"命令(见图 7.5),可以释放整个剪贴蒙版组。

图 7.4

图 7.5

7.3
图 层 蒙 版

图层蒙版只应用于一个图层上,为某个图层添加图层蒙版后,可以通过在图层蒙版中绘制黑色或者白色,来控制图层的显示与隐藏。图层蒙版是一种非破坏性的抠图方式。在图层蒙版中显示黑色的部分,其图层中的内容会变为透明,灰色部分为半透明,白色则是完全不透明,如图 7.6 所示。

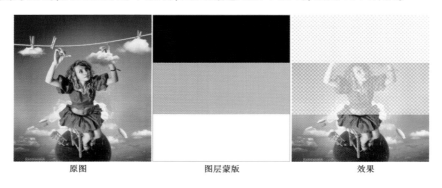

原图   图层蒙版   效果

图 7.6

7.3.1 创建图层蒙版

创建图层蒙版有两种方式:在没有任何选区的情况下可以创建出空的蒙版,画面中的内容不会被隐藏;而在包含选区的情况下创建图层蒙版,选区以内的部分为显示状态,选区以外的部分会隐藏。

1. 直接创建图层蒙版

如图 7.7 所示,选择一个图层,单击“图层”面板底部的“创建图层蒙版”按钮,即可为该图层添加图层蒙版。该图层的缩览图右侧会出现一个图层蒙版缩览图。每个图层只能有一个图层蒙版,如果已有图层蒙版,再次单击该按钮创建出的是矢量蒙版。图层组、文字图层、3D 图层、智能对象等特殊图层都可以创建图层蒙版。

图 7.7

单击图层蒙版缩览图,接着可以使用画笔工具在蒙版中进行涂抹。在蒙版中只能使用灰度颜色进行绘制。蒙版中被绘制了黑色的部分,图像会隐藏;蒙版中被绘制了白色的部分,图像相应的部分会显示。(见图 7.8)图层蒙版中绘制了灰色的区域,图像相应的位置会以半透明的方式显示,如图 7.9 所示。

图 7.8　　　　　　　　　　　　　　　　　　图 7.9

还可以使用"渐变工具"或"油漆桶工具"对图层蒙版进行填充。单击图层蒙版缩览图,使用"渐变工具"在蒙版中填充从黑到白的渐变,白色部分显示,黑色部分隐藏,灰色的部分为半透明的过渡效果。使用"油漆桶工具",在选项栏中设置填充类型为"图案",然后选中一个图案,在图层蒙版中进行填充,图案内容会转换为灰度。(见图 7.10)

图 7.10

2. 基于选区添加图层蒙版

如果当前画面中包含选区,单击选中需要添加图层蒙版的图层,单击"图层"面板底部的"添加图层蒙版"按钮,选区以内的部分显示,选区以外的图像将被图层蒙版隐藏。(见图 7.11)

图 7.11

7.3.2　编辑图层蒙版

对于已有的图层蒙版,可以暂时停用蒙版,删除蒙版,取消蒙版与图层之间的链接,使图层和蒙版可以分别调整,还可以对蒙版进行复制或转移。图层蒙版的很多操作对于矢量蒙版同样适用。

1. 停用图层蒙版

在图层蒙版缩览图上单击鼠标右键,执行"停用图层蒙版"命令(见图 7.12),即可停用图层蒙版,使蒙版效果隐藏,原图层内容全部显示出来。矢量蒙版也是相同操作。

2. 启用图层蒙版

在停用图层蒙版以后,如果要重新启用图层蒙版,可以在蒙版缩览图上单击鼠标右键,然后选择"启用图层蒙版"命令,如图 7.13 所示。矢量蒙版也是相同操作。

3. 删除图层蒙版

如果要删除图层蒙版,可以在蒙版缩览图上单击鼠标右键,然后在弹出的菜单中选择"删除图层蒙版"命令(见图 7.14)。矢量蒙版也是相同操作。

图 7.12   图 7.13   图 7.14

4. 链接图层蒙版

默认情况下,图层与图层蒙版之间带有一个链接图标(见图 7.15),此时移动/变换原图层,蒙版也会发生变化。如果不想变换图层或蒙版时影响对方,可以单击链接图标取消链接。如果要恢复链接,可以在取消链接的地方单击鼠标左键。矢量蒙版也是相同操作。

5. 应用图层蒙版

使用"应用图层蒙版"命令可以将蒙版效果应用于原图层,并且删除图层蒙版。在图层蒙版缩览图上单击鼠标右键,选择"应用图层蒙版"命令。图像中对应蒙版中的黑色区域被删除,白色区域保留下来,而灰色区域将呈半透明效果。(见图 7.16)

图 7.15

图 7.16

6. 转移图层蒙版

图层蒙版是可以在图层之间转移的。在要转移的图层蒙版缩览图上按住鼠标左键并拖拽,到其他图层上后松开鼠标,即可将该图层的蒙版转移到其他图层上。(见图 7.17)矢量蒙版也是相同操作。

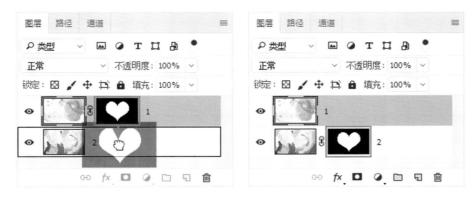

图 7.17

7. 替换图层蒙版

如果将一个图层蒙版移动到另外一个带有图层蒙版的图层上,则可以替换该图层的图层蒙版。矢量蒙版也是相同操作。

8. 复制图层蒙版

如果要将一个图层的蒙版复制到另外一个图层上,可以按住 Alt 键的同时,将图层蒙版拖拽到另外一个图层上,如图 7.18 所示。矢量蒙版也是相同操作。

9. 载入蒙版的选区

蒙版可以转换为选区。按住 Ctrl 键的同时单击图层蒙版缩览图,蒙版中白色的部分为选区内,黑色的部分为选区以外,灰色为羽化的选区。(见图 7.19)

图 7.18　　　　　　　　　　　　　　　　　　　图 7.19

10. 图层蒙版与选区相加减

图层蒙版与选区可以相互转换,已有的图层蒙版可以被当作选区,与其他选区进行选区运算。如果当前图像中存在选区,在图层蒙版缩览图上单击鼠标右键,可以看到三个关于蒙版与选区运算的命令。执行其中某一项命令,即可以图层蒙版选区与现有选区进行加减。(见图 7.20 和图 7.21)

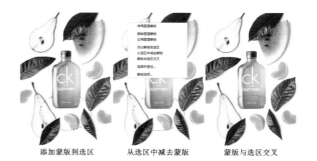

图 7.20　　　　　　　　　　　　　　　添加蒙版到选区　　　从选区中减去蒙版　　　蒙版与选区交叉

图 7.21

7.4
矢 量 蒙 版

矢量蒙版与图层蒙版较为相似,都是依附于某一个图层/图层组,差别在于矢量蒙版是通过路径形状控制图像的显示区域。路径范围以内的区域显示,路径以外的部分隐藏。矢量蒙版可以说是一款矢量工具,可以使用钢笔工具或形状工具在蒙版上绘制路径,来控制图像的显示与隐藏。矢量蒙版上的路径还可以方便地调整形态,从而制作出精确的蒙版区域。

7.4.1　创建矢量蒙版

1. 以当前路径创建矢量蒙版

想要创建矢量蒙版,首先可以在画面中绘制一个路径,路径是否闭合均可。然后执行"图层→矢量蒙版→当前路径"命令,即可基于当前路径为图层创建一个矢量蒙版。路径范围内的部分显示,以外的部分隐藏。(见图 7.22)

2. 创建新的矢量蒙版

按住 Ctrl 键,并单击"图层"面板底部的新建蒙版按钮,可以为图层添加一个新的矢量蒙版。当图层已有图层蒙版时,再次单击"图层"面板底部的新建蒙版按钮,则可以为该图层创建出一个矢量蒙版。第一个蒙版缩览图为图层蒙版。第二个蒙版缩览图为矢量蒙版。(见图 7.23)

图 7.22　　　　　　　　　　　　　　　　　　图 7.23

7.4.2　栅格化矢量蒙版

栅格化对于矢量蒙版而言,就是将矢量蒙版转换为图层蒙版,是一个从矢量对象栅格化为像素的过程。在矢量蒙版缩览图上单击鼠标右键,选择"栅格化矢量蒙版"命令,矢量蒙版就变为图层蒙版,如图7.24所示。

图 7.24

7.5
使用快速蒙版创建选区

快速蒙版与其说是一种蒙版,不如称之为一种选区工具。因为使用快速蒙版工具创建出的对象就是选区,但是快速蒙版工具创建选区的方式与其他选区工具的使用方式有所不同。(见图7.25和图7.26)

图 7.25

图 7.26

7.6
使用"属性"面板调整蒙版

　　"属性"面板可以对很多对象进行调整,同样也可以对图层蒙版和矢量蒙版进行一些编辑操作。执行"窗口→属性"命令,打开"属性"面板。在"图层"面板中单击图层蒙版缩览图,此时"属性"面板中显示着当前图层蒙版的相关信息。如果在"图层"面板中单击矢量蒙版缩览图,那么"属性"面板中显示着当前矢量蒙版的相关信息。两种蒙版的可使用功能基本相同,差别在于面板右上角的"添加矢量蒙版"按钮和"添加图层蒙版"按钮上。(见图7.27)

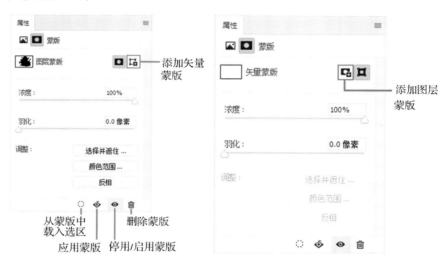

图7.27

　　添加图层蒙版/添加矢量蒙版:单击"添加图层蒙版"按钮,可以为当前图层添加一个图层蒙版;单击"添加矢量蒙版"按钮,可以为当前图层添加一个矢量蒙版。

● 浓度:类似于图层的不透明度,用来控制蒙版的不透明度,也就是蒙版遮盖图像的强度。

● 羽化:用来控制蒙版边缘的柔化程度。数值越大,蒙版边缘越柔和;数值越小,蒙版边缘越生硬。

● 选择并遮住:单击该按钮,可以打开"选择并遮住"对话框。在该对话框中,可以修改蒙版边缘,也可以使用不同的背景来查看蒙版。该选项对于矢量蒙版不可用。

● 颜色范围:单击该按钮,可以打开"色彩范围"对话框。在该对话框中可以通过修改"颜色容差"来修改蒙版的边缘范围。该选项对于矢量蒙版不可用。

● 反相:单击该按钮,可以反转蒙版的遮盖区域,即蒙版中黑色部分会变成白色,而白色部分会变成黑色,未遮盖的图像将被调整为负片。该选项对于矢量蒙版不可用。

● 从蒙版中载入选区:单击该按钮,可以从蒙版中生成选区。另外,按住Ctrl键单击蒙版的缩览图,也可以载入蒙版的选区。

● 应用蒙版:单击该按钮,可将蒙版应用到图像中,同时删除蒙版以及被蒙版遮盖的区域。

● 停用/启用蒙版:单击该按钮,可以停用或重新启用蒙版。停用蒙版后,在"属性"面板的缩览图和"图层"面板中的蒙版缩览图中都会出现一个红色的交叉线。

● 删除蒙版:单击该按钮,可以删除当前选择的蒙版。

7.7
综 合 实 例

利用蒙版功能制作箱包创意广告,如图7.28所示。

图 7.28

Photoshop Pingmian Zhizuo Jichu

第8章

矢量绘图与钢笔路径

绘图是 Photoshop 的一项重要功能,除了使用画笔工具进行绘图外,矢量绘图也是一种常用的方式。矢量绘图是一种风格独特的插画,画面内容通常由颜色不同的图形构成,图形边缘锐利,形态简洁明了,画面颜色鲜艳动人。在 Photoshop 中有两大类用于绘图的矢量工具:钢笔工具以及形状工具。钢笔工具用于绘制不规则的形态,而形状工具则用于绘制规则的几何图形,例如椭圆形、矩形、多边形等,形状工具的使用方法非常简单,本章主要针对钢笔绘图以及形状绘图的方式进行讲解。

8.1
什么是矢量绘图

矢量绘图是一种比较特殊的绘图模式。画笔工具绘制出的内容为像素,是一种典型的位图绘图方式。与使用画笔工具绘图不同,使用钢笔工具或形状工具绘制出的内容为路径和填色,是一种质量不受画面尺寸影响的矢量绘图方式。Photoshop 的矢量绘图工具包括钢笔工具和形状工具。钢笔工具主要用于绘制不规则的图形,而形状工具则是通过选取内置的图形样式绘制较为规则的图形。

矢量图形是由一条条的直线和曲线构成的,在填充颜色时,系统将按照用户指定的颜色沿曲线的轮廓线边缘进行着色处理。矢量图形的颜色与分辨率无关,图形被缩放时,对象能够维持原有的清晰度以及弯曲度,颜色和外形也都不会发生偏差和变形。所以,矢量图经常用于户外大型喷绘或巨幅海报等印刷尺寸较大的项目中。(见图 8.1)

8.1.1 路径与锚点

在矢量制图的世界中,我们知道图形都是由路径以及颜色构成的。那么什么是路径呢?路径是由锚点及锚点之间的连接线构成的。两个锚点就可以构成一条路径,而三个锚点可以定义一个面,锚点的位置决定着连接线的动向。可以说,矢量图的创作过程就是创作路径、编辑路径的过程。

路径上的转角有的是平滑的,有的是尖锐的。(见图 8.2)

 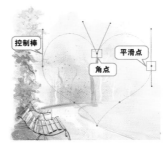 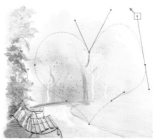

图 8.1   图 8.2

路径可以被概括为三种类型:闭合路径、开放路径以及复合路径。(见图 8.3)

8.1.2 认识"钢笔工具"

在使用钢笔工具之前,首先我们来认识几个概念。使用"钢笔工具"以路径模式绘制出的对象是路径。路径是由一些锚点连接而成的线段或者曲线。当调整锚点位置或弧度时,路径形态也会随之发生变化。(见图 8.4)

图 8.3

锚点可以决定路径的走向以及弧度。锚点有两种,即尖角锚点和平滑锚点,如图 8.5 所示。平滑锚点上会显示一条或两条方向线,也称为控制棒、控制柄,方向线两端为方向点(见图 8.6),方向线和方向点的位置共同决定了这个锚点的弧度。

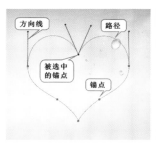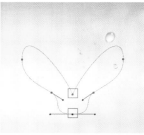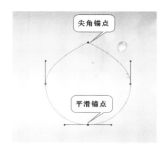

图 8.4   图 8.5

在使用"钢笔工具"进行绘图或精确抠图的过程中,我们可能会使用到钢笔工具组(见图 8.7)和选择工具组(见图 8.8)。其中包括"钢笔工具""自由钢笔工具""添加锚点工具""删除锚点工具""转换点工具""路径选择工具""直接选择工具"。其中"钢笔工具"和"自由钢笔工具"用于绘制路径,而剩余的工具都用于调整路径的形态。通常我们会使用"钢笔工具"尽可能准确地绘制出路径,然后使用其他工具进行细节形态的调整。

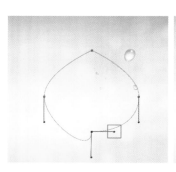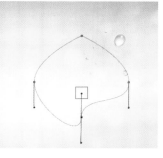

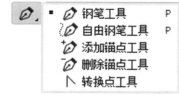

图 8.7

图 8.6   图 8.8

8.1.3 使用"钢笔工具"绘制路径

绘制直线/折线路径如图 8.9 至图 8.11 所示。

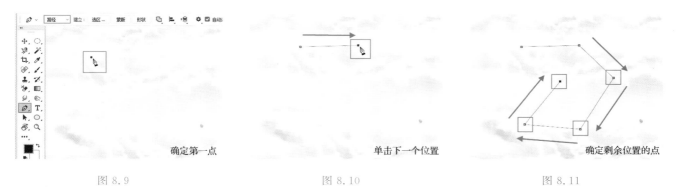

确定第一点　　　　　　　　单击下一个位置　　　　　　确定剩余位置的点

图 8.9　　　　　　　　　　图 8.10　　　　　　　　　　图 8.11

绘制曲线路径如图 8.12 和图 8.13 所示。

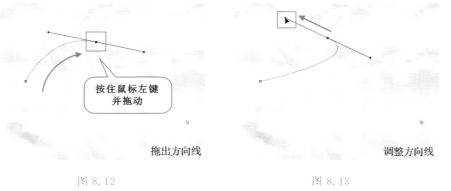

拖出方向线　　　　　　　　调整方向线

图 8.12　　　　　　　　　　图 8.13

绘制闭合路径以及继续绘制未完成的路径分别如图 8.14 和图 8.15 所示。

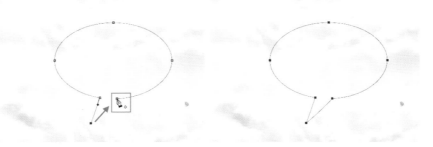

图 8.14

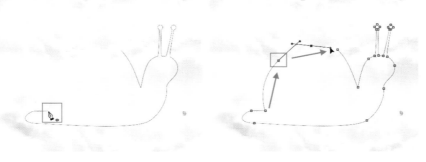

图 8.15

8.1.4　编辑路径形态

1. 选择路径、移动路径

单击工具箱中的"路径选择工具",在需要选中的路径上单击,此时路径上的锚点出现,表明该路径处于选中状态,如图 8.16 所示。按住鼠标左键并拖动,即可移动该路径,如图 8.17 所示。

　　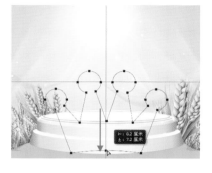

图 8.16　　　　　　　　　　　　　　图 8.17

2. 选择锚点、移动锚点

右键单击选择工具组按钮,在工具组列表中单击"直接选择工具",使用"直接选择工具"可以选择路径上的锚点或者方向线,选中之后可以移动锚点、调整方向线。图 8.18 所示为选择路径上的单个锚点,图 8.19 所示为选择路径上的几个锚点,图 8.20 所示为移动选中的几个锚点。

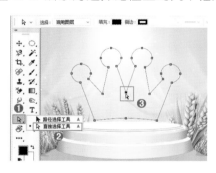　　　　

图 8.18　　　　　　　　　图 8.19　　　　　　　　　图 8.20

3. 添加锚点

如果路径上的锚点较少,细节就无法精细地刻画,我们可以使用"添加锚点工具"在路径上添加锚点,如图 8.21 所示。

4. 删除锚点

要删除多余的锚点,可以使用钢笔工具组中的"删除锚点工具",如图 8.22 所示。

5. 转换锚点类型

"转换点工具"可以将锚点在尖角锚点与平滑锚点之间转换。(见图 8.23)

图 8.21

图 8.22

8.1.5　将路径转换为选区

路径绘制完成后,如果想要抠图,最重要的一个步骤就是将路径转换为选区。在使用"钢笔工具"状态下,在路径上单击鼠标右键,执行"建立选区"命令。在弹出的"建立选区"对话框中可以进行"羽化半径"的设置,如图 8.24 所示。

图 8.23

图 8.24

8.1.6　自由钢笔工具

"自由钢笔工具"也是一种绘制路径的工具,但是"自由钢笔工具"并不适合于绘制精确的路径。因为使用"自由钢笔工具"绘制路径的方法是在画面中按住鼠标左键并随意拖动,光标经过的区域即可形成路径。(见图 8.25)

图 8.25

8.1.7　磁性钢笔工具

　　"磁性钢笔工具"并不是一个独立的工具,而是需要在使用"自由钢笔工具"状态下,在选项栏中勾选"磁性的"选项,此时工具将切换为"磁性钢笔工具"。在画面中主体物边缘单击并沿轮廓拖动光标,可以看到磁性钢笔会自动选择颜色差异较大的区域创建路径,如图 8.26 所示。一般情况下,对使用"磁性钢笔工具"绘制的路径要进行后期调整,如图 8.27 所示。

图 8.26　　　　　　　　　　　　　　　　　　　　　　　图 8.27

8.1.8　矢量绘图的几种模式

　　在使用钢笔工具或形状工具绘图前首先要在工具选项栏中选择绘制模式:"形状""路径"和"像素"。注意,"像素"模式无法在钢笔工具状态下启用。(见图 8.28 和图 8.29)

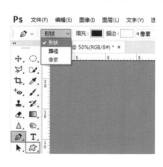

图 8.28

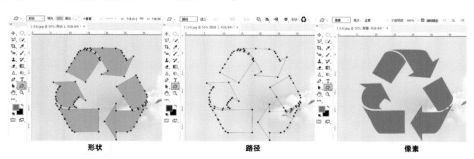

图 8.29

8.1.9 使用"形状"模式绘图

在使用形状工具组中的工具或"钢笔工具"时,都可将绘制模式设置为"形状"。在"形状"绘制模式下可以设置形状的填充,可以将其填充为"纯色""渐变""图案"或者无填充,同样可以设置描边的颜色、粗细以及描边样式。(见图8.30)

8.1.10 使用"像素"模式绘图

在"像素"模式下绘制的图形是以当前的前景色进行填充的,并且是在当前所选的图层中绘制的。首先设置一个合适的前景色,然后选择形状工具组中的任意一个工具,接着在选项栏中设置绘制模式为"像素",设置合适的混合模式与不透明度,然后选择一个图层,按住鼠标左键拖拽进行绘制,绘制完成后只有一个纯色的图形,没有路径,也没有新出现的图层。(见图8.31)

图 8.30

图 8.31

8.1.11 什么时候需要使用矢量绘图?

由于矢量工具包括几种不同的绘制模式,不同的工具在不同的绘制模式下的用途也不相同。

抠图/绘制精确选区:钢笔工具+路径模式。绘制出精确的路径后,转换为选区可以进行抠图或者以局部选区对画面细节进行编辑,这部分知识已经在前面的章节讲解过。

需要打印的大幅面设计作品:钢笔工具+形状模式,形状工具+形状模式。由于平面设计作品经常需要进行打印或印刷,而且需要将作品尺寸增大时,以矢量对象存在的元素,不会因为增大或缩小图像尺寸而影响质量,所以最好使用矢量元素进行绘图。

绘制矢量插画:钢笔工具+形状模式,形状工具+形状模式。使用形状模式进行插画绘制,既可方便地设置颜色,又能方便地进行重复编辑。

8.2
使用形状工具组

右键单击工具箱中的形状工具组按钮,在弹出的工具组中可以看到六种形状工具,使用这些形状工具可以绘制出各种各样的常见形状。(见图8.32)

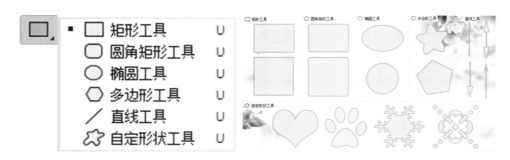

图 8.32

8.2.1　矩形工具

使用"矩形工具"可以绘制出标准的矩形对象和正方形对象。矩形在设计中应用非常广泛。单击工具箱中的"矩形工具"按钮,在画面中按住鼠标左键拖拽,释放鼠标后即可完成一个矩形对象的绘制,如图 8.33 所示。在选项栏中单击设置图标,打开"矩形工具"的设置选项,如图 8.34 所示。

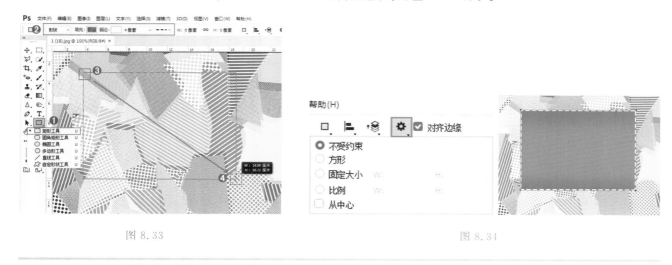

图 8.33

图 8.34

8.2.2　圆角矩形工具

圆角矩形在设计中应用非常广泛,它不似矩形那样锐利、棱角分明,它给人一种圆润、光滑的感觉,所以也就变得富有亲和力。"圆角矩形工具"的使用方法与"矩形工具"的基本相同,如图 8.35 所示。在选项栏中设置不同的圆度,会得到不同的效果,如图 8.36 所示。

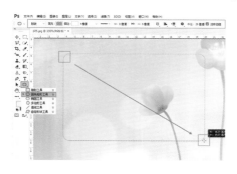

图 8.35

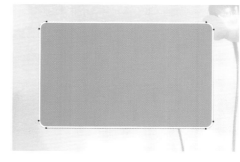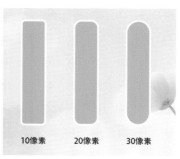

图 8.36

8.2.3　椭圆工具

使用"椭圆工具"可绘制出椭圆形和正圆形。在形状工具组上单击鼠标右键,选择"椭圆工具"。如果要创建椭圆,可以在画面中按住鼠标左键并拖动,松开光标即可创建出椭圆形,如图8.37所示。如果要创建正圆形,可以按住 Shift 键的同时拖拽。按 Shift+Alt 组合键是以鼠标单击点为中心进行正圆形绘制。

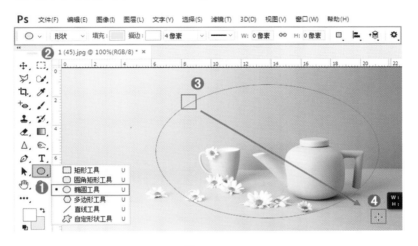

图 8.37

8.2.4　多边形工具

使用"多边形工具"可以创建出各种边数的多边形(最少为3条边)以及星形。在形状工具组上单击鼠标右键,选择"多边形工具"。在选项栏中可以设置"边"数,还可以在多边形工具选项栏中设置半径、平滑拐角、星形等参数,设置完毕后在画面中按住鼠标左键拖拽,松开鼠标完成绘制操作。(见图8.38)

8.2.5　直线工具

使用"直线工具"可以创建出直线和带有箭头的形状。右键单击形状工具组,在其中选择"直线工具",然后在选项栏中设置合适的填充、描边,调整"粗细"数值,设置合适的直线宽度,接着按住鼠标左键拖拽进行绘制。(见图8.39)

8.2.6　自定形状工具

使用"自定形状工具"可以创建出非常多的形状。右键单击工具箱中的形状工具组,在其中选择"自定形状工具"。在选项栏中单击"形状"按钮,在下拉面板中单击选择一种形状,然后在画面中按住鼠标左键拖拽进行绘制。(见图8.40)

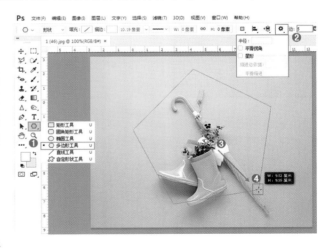

图 8.38

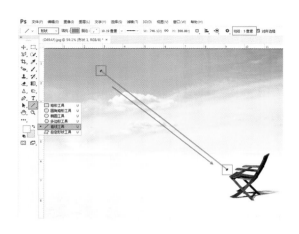

图 8.39   图 8.40

8.3
矢量对象的编辑操作

在矢量绘图时,最常用到的就是路径及形状这两种矢量对象。形状对象由于是单独的图层,所以其操作方式与图层的操作方式基本相同。但是路径对象是一种非实体对象,不依附于图层,也不具有填充、描边等属性,只有转换为选区后才能进行其他操作。所以路径对象的操作方法与其他对象的有所不同,想要调整路径位置、对路径进行对齐分布等操作,都需要使用特殊的工具。

8.3.1   移动路径

如果绘制的是形状对象或像素,那么只需选中该图层,然后使用"移动工具"进行移动即可。如果绘制的是路径,想要改变图形的位置,可以单击工具箱中的"路径选择工具"按钮,然后在路径上单击,即可选中该路径。按住鼠标左键并拖动,可以移动路径所处的位置。(见图 8.41)

8.3.2   路径操作

在使用钢笔工具或形状工具以"形状"模式或"路径"模式进行绘制时,选项栏中会出现路径操作的按钮,单击该按钮,在下拉菜单中可以看到多种路径的操作方式。其设置步骤和效果如图 8.42 至图 8.46 所示。

图 8.41   图 8.42

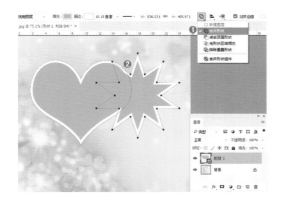

图 8.43

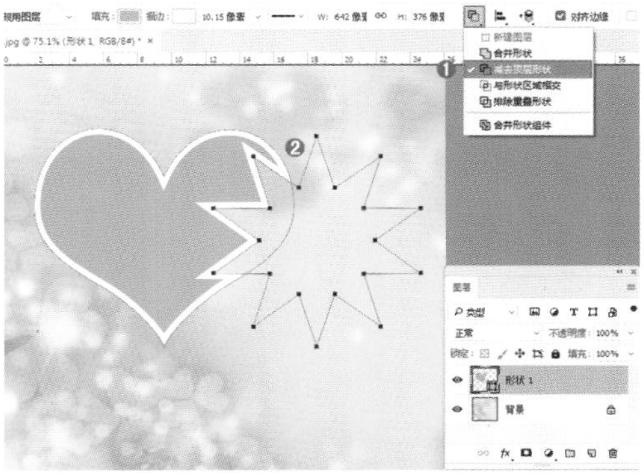

图 8.44

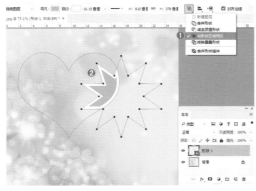

图 8.45

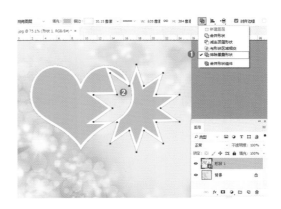

图 8.46

8.3.3　变换路径

选择路径或形状对象,使用快捷键 Ctrl＋T 调出定界框,即可进行变换;也可以单击鼠标右键,在弹出的快捷菜单中选择相应的变换命令,如图 8.47 所示;还可以执行"编辑→变换路径"菜单下的命令,对其进行相应的变换。变换路径与变换图像的使用方法是相同的。

8.3.4　对齐、分布路径

对齐与分布可以对路径或者形状中的路径进行操作。如果是形状中的路径,则需要所有路径在一个图层内,接着使用"路径选择工具"选择多个路径,接着单击选项栏中的"路径对齐方式"按钮,在弹出的菜单中可以对所选路径进行对齐、分布。路径的对齐、分布与图层的对齐、分布的使用方法是一样的。(见图 8.48)

8.3.5　调整路径排列方式

当文档中包含多个路径,或者一个形状图层中包括多个路径时,可以调整这些路径的上下排列顺序,不同的排列顺序会影响到路径运算的结果。选择路径,单击选项栏中的"路径排列方法"按钮 ,在下拉列表中单击并执行相关命令(见图 8.49),可以将选中的路径的层级关系进行相应的排列。

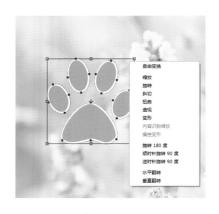

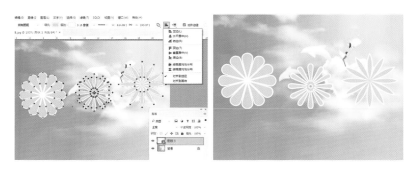

图 8.47   图 8.48

8.3.6 定义为自定形状

如果某个图形比较常用,我们可以将其定义为"形状",以便于在"自定形状工具"中随时使用。首先选择需要定义的路径,接着执行"编辑→定义自定形状"命令,在弹出的"形状名称"对话框中设置合适的名称,单击"确定"按钮完成定义操作,如图 8.50 所示。接着单击工具箱中的"自定形状工具"按钮,在选项栏中单击形状下拉列表按钮,在形状预设中可以看到刚刚自定的形状。

图 8.49   图 8.50

8.3.7 填充路径

首先绘制路径,然后在使用钢笔工具或形状工具("自定形状工具"除外)状态下,在路径上单击鼠标右键,执行"填充路径"命令,随即会打开"填充路径"对话框,在该对话框中可以用前景色、背景色、图案等内容进行填充,使用方法与"填充"对话框一样。(见图 8.51)

8.3.8 描边路径

使用"描边路径"命令能够以设置好的绘画工具沿路径的边缘创建描边,比如使用画笔、铅笔、橡皮擦、仿制图章等进行路径描边。"描边路径"的使用过程如图 8.52 和图 8.53 所示,效果如图 8.54 所示。

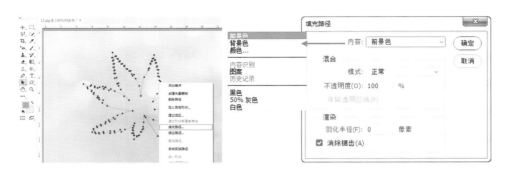

图 8.51

图 8.52

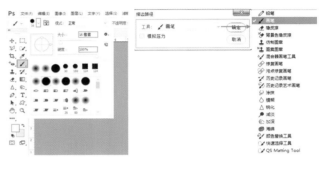

图 8.53

8.3.9　删除路径

在进行路径描边之后经常需要删除路径。使用"路径选择工具"单击选择需要删除的路径,接着按一下键盘上的 Delete 键进行删除,或者在使用矢量工具状态下单击鼠标右键,执行"删除路径"命令。(见图 8.55)

图 8.54

图 8.55

8.3.10　使用"路径"面板管理路径

"路径"面板主要用来储存、管理以及调用路径,在"路径"面板中显示了存储的所有路径、工作路径和矢量蒙版的名称和缩览图。执行"窗口→路径"命令,打开"路径"面板。(见图 8.56)

8.4
综 合 实 例

利用路径及矢量图形绘制甜美风格的女装招贴,如图 8.57 所示。

图 8.56

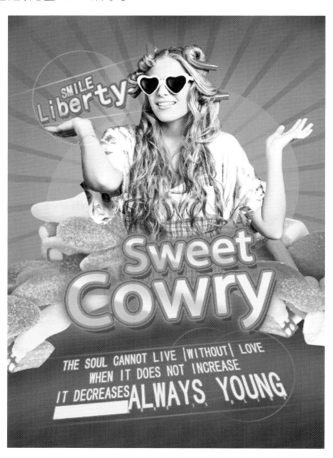

图 8.57

Photoshop Pingmian Zhizuo Jichu

第9章
文　字

　　文字是设计作品中非常常见的元素,文字不仅仅用来表述信息,很多时候也起到美化版面的作用。Photoshop 有着非常强大的文字创建与编辑功能,不仅有多种文字工具供使用,还有多个参数设置面板,用来修改文字的效果。本章主要讲解多种类型文字的创建以及文字属性的编辑方法。

9.1
使用文字工具

　　在 Photoshop 的工具箱中可以看到文字工具组按钮,右键单击该工具组按钮,即可看到文字工具组中的四个工具(见图9.1):"横排文字工具""直排文字工具""直排文字蒙版工具"和"横排文字蒙版工具"。"横排文字工具"和"直排文字工具"主要用来创建实体文字,例如点文字、段落文字、路径文字、区域文字。而"横排文字蒙版工具"和"直排文字蒙版工具"则用来创建文字形状的选区。(见图9.2)

图 9.1

图 9.2

9.1.1　认识文字工具

　　"横排文字工具"和"直排文字工具"的使用方法相同,差别在于输入文字的排列方式不同。"横排文字工具"输入的文字是横向排列的,是目前最为常用的文字排列方式;而"直排文字工具"输入的文字是纵向排列的,常用于古典感文字以及日文版面的编排。(见图9.3)

图 9.3

　　在输入文字之前,都需要对文字的字体、大小、颜色等属性进行设置。这些设置都可以在文字工具的选项栏中进行。单击工具箱中的"横排文字工具"按钮,其选项栏如图9.4所示。

　　● 更改文本方向:在选项栏中单击"更改文本方向"按钮,横向排列的文字将变为直排,直排文字将变为横排。也可以执行"文字→取向→水平/垂直"命令。

图 9.4

● 设置字体：在选项栏中单击"设置字体"下拉箭头，并在下拉列表中单击选择合适的字体。

● 设置字体样式：字体样式只针对部分英文字体有效。输入字符后，可以在选项栏中设置字体的样式，包含 Regular（规则）、Italic（斜体）、Bold（粗体）和 Bold Italic（粗斜体）。

● 设置字体大小：想要设置文字的大小，可以直接在选项栏中输入数值，也可以在下拉列表中选择预设的字体大小。若要改变部分字符的大小，则选中需要更改的字符后进行设置。

● 消除锯齿：输入文字以后，可以在选项栏中为文字指定一种消除锯齿的方式。选择"无"方式时，Photoshop 不会应用消除锯齿，文字边缘会呈现出不平滑的效果；选择"锐利"方式时，文字的边缘最为锐利；选择"犀利"方式时，文字的边缘就比较锐利；选择"浑厚"方式时，文字会变粗一些；选择"平滑"方式时，文字的边缘会非常平滑。

● 设置文本对齐：根据输入字符时光标的位置来设置文本对齐方式。

● 设置文本颜色：单击色块，在弹出的"拾色器"对话框中可以设置文字颜色。如果要修改已有文字的颜色，可以先在文档中选择文本，然后在选项栏中单击颜色块，接着在弹出的对话框中设置所需要的颜色。

● 创建文字变形：选中文本，单击该按钮即可在弹出的对话框中为文本设置变形效果。

● 切换字符和段落面板：单击该按钮即可打开"字符"和"段落"面板。

● 取消当前编辑：在文本输入或编辑状态下显示该按钮，单击即可取消当前的编辑操作。

● 提交当前编辑：在文本输入或编辑状态下显示该按钮，单击即可确定并完成当前的文字输入或编辑操作。文本输入完成后需要单击该按钮完成操作，或者按下 Ctrl＋Enter 键完成操作。

● 从文本创建 3D：单击该按钮，即可将文本对象转换为带有立体感的 3D 对象。

9.1.2 创建点文字

点文字常用于较短文字的输入，例如文章标题、海报上少量的宣传文字、艺术字等。单击工具箱中的"横排文字工具"，在选项栏中可以进行字体、字号、颜色的设置。设置完成后在画面中单击，单击处为文字的起点，画面中出现闪烁的光标，输入文字，文字会沿横向进行排列。单击选项栏中的☑按钮，或按快捷键 Ctrl＋Enter，完成文字的输入。（见图 9.5）

图 9.5

9.1.3　创建段落文字

段落文字是一种用来制作大段大段文字的常用方式。单击工具箱中的"横排文字工具"按钮,在选项栏中设置合适的字体、字号、文字颜色、对齐方式。然后在画布中按住鼠标左键并拖动,绘制出一个矩形的文本框。在其中键入文字,文字会自动排列在文本框中。(见图9.6)

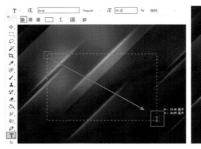

图9.6

9.1.4　创建路径文字

路径文字并不是一个单独的工具,而是使用"横排文字工具"或"直排文字工具"创建出的依附于路径的一种文字类型。依附于路径的文字会按照路径的形态进行排列。要制作路径文字,先绘制路径,然后将"横排文字工具"移动到路径上并单击,此时路径上出现了文字的输入点。输入文字后,文字会沿着路径进行排列。(见图9.7)

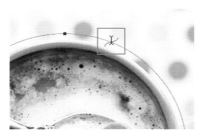

图9.7

9.1.5　创建区域文字

首先绘制一条闭合路径。单击工具箱中的"横排文字工具"按钮,在选项栏中设置合适字体、字号及文字颜色。将光标移动至路径内,单击鼠标左键插入光标,可以观察到圆形形状周围出现文本框。输入文字,可以观察到文字只在路径内排列,文字输入完成后,单击选项栏中的"提交当前编辑"按钮,完成区域文字的制作。(见图9.8)

9.1.6　制作变形文字

选中需要变形的文字图层,在使用文字工具的状态下,在选项栏中单击"创建文字变形"按钮,打开"变形文字"对话框,在该对话框中首先单击"样式"列表,从中选择变形文字的方式。接着可以对变形轴、"弯曲""水平扭曲""垂直扭曲"的数值进行设置。(见图9.9)

不同变形方式的文字效果如图9.10所示。

图9.8

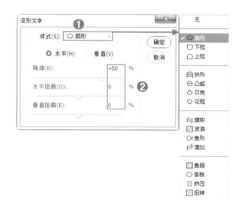

图9.9

9.1.7　文字蒙版工具:创建文字选区

文字蒙版工具主要用于创建文字的选区,而不是实体文字。使用文字蒙版工具创建文字选区的方法与使用文字工具创建文字对象的方法基本相同。以使用"横排文字蒙版工具"为例。单击工具箱中的"横排文字蒙版工具",在选项栏中进行字体、字号、对齐方式的设置。然后在画面中单击,画面被半透明的蒙版所覆盖。输入文字,文字部分显现出原始图像内容。文字输入完成后在选项栏中单击"提交当前编辑"按钮,文字将以选区的形式出现。(见图9.11至图9.13)

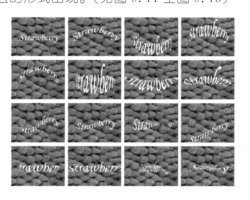

图9.10

图9.11

图9.12

图9.13

9.1.8 使用"字形"面板创建特殊字符

字形是特殊形式的字符。字形是由具有相同整体外观的字体构成的集合,它们是专为一起使用而设计的。执行"窗口→字形"命令,打开"字形"面板。首先在上方"字体"下拉列表中选择一个字体,在上面的表格中就会显示出当前的字体的所有字符和符号。在文字输入的状态下,双击"字形"面板中的字符,即可在画面中输入该字符。

9.2
文字属性的设置

在文字属性的设置方面,文字工具选项栏是最方便的设置方式,但是选项栏中只能对一些常用的属性进行设置,而类似间距、样式、缩进、避头尾法则等选项的设置则需要使用"字符"面板和"段落"面板。这两个面板是我们进行文字版面编排时最常使用到的面板。

9.2.1 "字符"面板

虽然在文字工具的选项栏中可以进行一些文字属性的设置,但是选项栏中并不是全部的文字属性。执行"窗口→字符"命令,打开"字符"面板。该面板专门用来定义页面中字符的属性。在"字符"面板中,除了包括常见的字体系列、字体样式、字体大小、文本颜色和消除锯齿等设置,还包括例如行距、字距等常见设置。(见图9.14)

● 设置行距:行距就是上一行文字基线与下一行文字基线之间的距离。选择需要调整的文字图层,然后在"设置行距"数值框中输入行距数值或在其下拉列表中选择预设的行距值,接着按 Enter 键即可。

● 字距微调:用于设置两个字符之间的字距微调。在设置时先要将光标插入需要进行字距微调的两个字符之间,然后在数值框中输入所需的字距微调数量。输入正值时,字距会扩大;输入负值时,字距会缩小。

● 字距调整:用于设置文字的字符间距。输入正值时,字距会扩大;输入负值时,字距会缩小。

图 9.14

● 比例间距:按指定的百分比来减少字符周围的空间。因此,字符本身并不会被伸展或挤压,而是字符之间的间距被伸展或挤压了。

● 垂直缩放/水平缩放:用于设置文字的垂直或水平缩放比例,以调整文字的高度或宽度。

● 基线偏移:用来设置文字与文字基线之间的距离。输入正值时,文字会上移;输入负值时,文字会下移。

● 语言设置:用于设置文本连字符和拼写的语言类型。

● 消除锯齿:输入文字以后,可以在选项栏中为文字指定一种消除锯齿的方式。

9.2.2 "段落"面板

"段落"面板用于设置文本段落的属性,例如文字的对齐方式、缩进方式、避头尾设置、标点挤压设置、连字等属性。单击选项栏中的"段落"按钮或执行"窗口→段落"命令,可以打开"段落"面板,如图 9.15 所示。

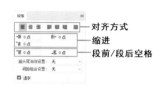

- 左对齐文本:文字左对齐,段落右端参差不齐。
- 居中对齐文本:文字居中对齐,段落两端参差不齐。
- 右对齐文本:文字右对齐,段落左端参差不齐。
- 最后一行左对齐:最后一行左对齐,其他行左右两端强制对齐。段落文字、形状文字可用,点文字不可用。

图 9.15

- 最后一行居中对齐:最后一行居中对齐,其他行左右两端强制对齐。段落文字、形状文字可用,点文字不可用。
- 最后一行右对齐:最后一行右对齐,其他行左右两端强制对齐。段落文字、形状文字可用,点文字不可用。
- 全部对齐:在字符间添加额外的间距,使文本左右两端强制对齐。段落文字、形状文字、路径文字可用,点文字不可用。
- 左缩进:用于设置段落文本向右(横排文字)或向下(直排文字)的缩进量。
- 右缩进:用于设置段落文本向左(横排文字)或向上(直排文字)的缩进量。
- 首行缩进:用于设置段落文本中每个段落的第 1 行向右(横排文字)或第 1 列文字向下(直排文字)的缩进量。
- 段前添加空格:设置光标所在段落与前一个段落之间的间隔距离。
- 段后添加空格:设置当前段落与另外一个段落之间的间隔距离。
- 避头尾法则设置:在中文书写习惯中,标点符号通常不会位于每行文字的第一位。日文的书写也有相同的规则。在软件中可以通过设置"避头尾"来设定不允许出现在行首或行尾的字符。避头尾功能只能对段落文字或区域文字起作用。默认情况下,"避头尾集"设置为无,单击下拉箭头,在其中选择严格或者宽松。此时位于行首的标点符号位置发生了改变。
- 间距组合设置:间距组合用于设置日语字符、罗马字符、标点和特殊字符在行开头、行结尾和数字的间距文本编排方式。选择"间距组合 1"选项,可以对标点使用半角间距;选择"间距组合 2"选项,可以对行中除最后一个字符外的大多数字符使用全角间距;选择"间距组合 3"选项,可以对行中的大多数字符和最后一个字符使用全角间距;选择"间距组合 4"选项,可以对所有字符使用全角间距。
- 连字:勾选"连字"选项以后,在输入英文单词时,如果段落文本框的宽度不够,英文单词将自动换行,并在单词之间用连字符连接起来。

9.3
编辑文字

文字对象是一类特殊的对象,既具有文本属性,又具有图像属性。Photoshop 虽然不是专业的文字处理软件,但也具有文字内容的编辑功能,例如可以查找替换文本、英文拼写检查等。除此之外,还可以将文字对象转换为位图、形状图层,也可以自动识别图像中包含的文字的字体。

9.3.1　栅格化：文字对象变为普通图层

在"图层"面板中选择文字图层,然后在图层名称上单击鼠标右键,接着在弹出的菜单中选择"栅格化文字"命令,就可以将文字图层转换为普通图层。(见图9.16)

9.3.2　文字对象转换为形状图层

选择文字图层,然后在图层名称上单击鼠标右键,接着在弹出的菜单中选择"转换为形状"命令,文字图层变为了形状图层。(见图9.17)

图9.16　　　　　　　　　　　　　　　　　图9.17

9.3.3　创建文字路径

想要获取文字对象的路径,可以选中文字图层,在文字图层上单击右键,执行"创建工作路径"命令,即可得到文字的路径,如图9.18所示。得到了文字的路径后,可以对路径进行描边、填充或创建矢量蒙版等操作。

9.3.4　使用占位符文本

"粘贴 Lorem Ipsum"常用于段落文本中。使用"横排文字工具"绘制一个文本框,执行"文字→粘贴 Lorem Ipsum"命令,文本框就会快速被字符填满。如果使用"横排文字工具"在画面中单击,并执行"文字→粘贴 Lorem Ipsum"命令,就会自动出现很多的字符沿横向排列,甚至超出画面。

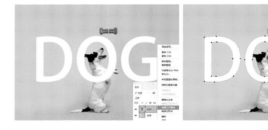

图9.18

9.3.5　拼写检查

"拼写检查"命令用于检查当前文本中的英文单词的拼写错误,对于中文此命令是无效的。首先选择需要进行检查的文本对象,然后执行"编辑→拼写检查"命令,打开"拼写检查"对话框,Photoshop 会自动查找错误并提供修改建议。(见图9.19和图9.20)

9.3.6　查找和替换文本

执行"编辑→查找和替换文本"命令,打开"查找和替换文本"对话框,首先在"查找内容"中输入要查找

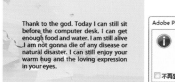

图 9.19 图 9.20

的内容,然后在"更改为"中输入要更改的内容,然后单击"更改全部"按钮即可进行全部更改。这种方式比较适合文本需要统一进行更改的情况。参数设置及其替换效果分别如图 9.21 和图 9.22 所示。

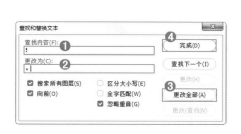

图 9.21 图 9.22

9.3.7 匹配字体

看到设计作品中的字体觉得很漂亮,但是又无从得知作品中使用的是什么字体。有了 Photoshop CC 2017,我们就不必苦苦猜测究竟是哪种字体了。将图片在 Photoshop 中打开,然后使用选框工具框选需要查找字体的文字,接着执行"文字→匹配字体"命令,在弹出的对话框中即会出现与之类似的字体,如图 9.23 所示。

9.3.8 解决文档中的字体问题

打开一个缺少字体的文件,会自动弹出"缺失字体"对话框,在这里可以看到缺失的字体的名称,单击名称后方列表,可以选择用于替换的字体。如果不想替换,可以选择"不要解决",执行"文字→解析缺失字体"命令,可以重新打开"缺失字体"对话框。(见图 9.24(a))

当我们对缺失字体的文字图层进行自由变换操作时,会弹出"用于文本图层××的以下字体已丢失"的提示框,此时对文字进行自由变换可能会使文字变模糊,如果仍要进行自由变换,可以单击"确定"按钮。(见图 9.24(b))

图 9.23 (a) (b)

图 9.24

9.4
使用字符样式/段落样式

字符样式与段落样式指的是在 Photoshop 中定义的一系列文字的属性集合,其中包括文字的大小、间距、对齐方式等一系列属性。如果设定好一系列字符样式,那么在进行大量文字排版的时候,可以快速调用这些样式,使包含大量文字的版面快速变得规整起来。在杂志、画册、书籍以及带有相同样式的文字对象的排版中,经常需要使用这项功能。

9.4.1 字符样式、段落样式

在"字符样式"面板和"段落样式"面板中可以将字体、大小、间距、对齐等属性定义为"样式",储存在"字符样式"面板和"段落样式"面板中,也可以将"样式"赋到其他文字上,使之产生相同的文字样式。"字符样式"面板和"段落样式"面板常用于完成例如书籍排版、画册设计等包含大量相同样式文字的排版任务。

"段落样式"面板与"字符样式"面板的使用方法相同,都可以进行文字某些样式的定义、编辑与调用。(见图 9.25)"字符样式"面板的设置选项主要用于类似标题文字等较少文字的排版,而"段落样式"面板的设置选项多用于类似正文等大段文字的排版。

图 9.25

● 清除覆盖:清除当前字体样式。

● 重新定义样式:可以当前所选文字的属性,覆盖到当前所选的字符样式或段落样式中,使所选样式产生与此文字相同的属性。

● 新建字符/段落样式:可以创建新的字符/段落样式。

● 删除样式/组:可以将当前选中的新样式或新样式组删除。

9.4.2 使用字符样式/段落样式

字符样式与段落样式的新建与应用方式相同,下面以字符样式为例进行讲解。

1.新建样式

在"字符样式"面板中单击"创建新样式"按钮(见图 9.26),然后双击新创建出的字符样式,即会弹出"字符样式选项"对话框,这里包含三组设置页面,即"基本字符格式""高级字符格式"与"OpenType"功能,可以对字符样式进行详细的编辑。这里包括了"字符"面板中的大部分选项设置,修改合适的文字属性,并单击

"确定"按钮即可完成设置。

2. 使用样式

如果需要为某个文字使用新定义的字符样式,则需要选中该文字图层,并在"字符样式"面板中单击所需样式。

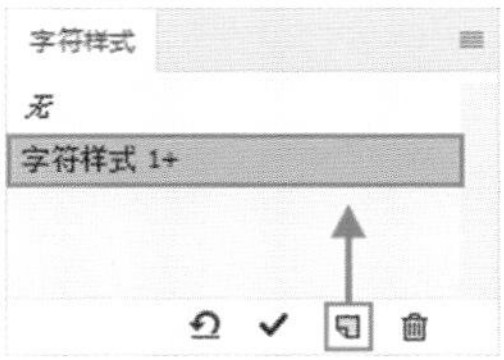

3. 去除样式

如果需要去除当前文字图层的样式,可以选中该文字图层,并单击"字符样式"面板中的"无"即可。

图 9.26

9.5
综 合 实 例

使用文字工具制作有设计质感的文字招贴,如图 9.27 所示。

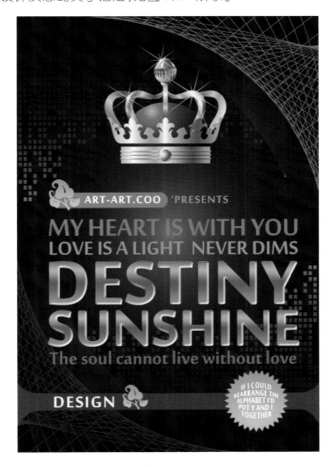

图 9.27

Photoshop Pingmian Zhizuo Jichu

第 10 章

通　道

本章讲解了通道的相关知识,其实通道的部分操作在前面的章节中也有涉及。在本章中我们主要来了解一下利用通道进行这些操作的原理。

10.1
认识"通道"

通道是用于储存颜色信息和选区信息的。在 Photoshop 中有三种类型的通道:"颜色通道""专色通道"和"Alpha 通道"。"颜色通道""专色通道"用于储存颜色信息,而"Alpha 通道"则用于储存选区信息。执行"窗口→通道"命令,打开"通道"面板,在"通道"面板中我们可以看到一个彩色的缩览图和几个灰色的缩览图,这些就是通道。"通道"面板主要用于创建、存储、编辑和管理通道。(见图 10.1)

- 颜色通道:用来记录图像的颜色信息。不同颜色模式的图像显示的颜色通道个数不同,例如 RGB 图像显示红通道、绿通道和蓝通道三个颜色通道,而 CMYK 则显示青色、洋红、黄色、黑色四个通道。

- Alpha 通道:用来保存选区的通道,可以在 Alpha 通道中绘画、填充颜色、填充渐变、应用滤镜等。在 Alpha 通道中白色部分为选区内部,黑色部分为选区外部,灰色部分则为半透明的选区。

- 将通道作为选区载入:单击该按钮,可以载入所选通道的选区。在通道中白色部分为选区内部,黑色部分为选区外部,灰色部分则为半透明的选区。

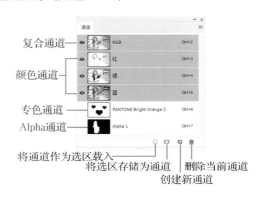

图 10.1

- 将选区存储为通道:如果图像中有选区,单击该按钮,可以将选区中的内容存储到通道中。选区内部会被填充白色,选区外部会被填充黑色,羽化的选区会被填充灰色。

- 创建新通道:单击该按钮,可以新建一个 Alpha 通道。

- 删除当前通道:将通道拖拽到该按钮上,可以删除选择的通道。在删除颜色通道时,特别要注意,如果删除的是红、绿、蓝通道中的一个,那么 RGB 通道也会被删除。如果删除的是复合通道,那么将删除 Alpha 通道和专色通道以外的所有通道。

10.2
颜 色 通 道

颜色通道将构成整体图像的颜色信息整理并表现为单色图像。默认情况下显示为灰度图像。默认情况下,打开一张图片,"通道"面板中显示的是颜色通道。这些颜色通道与图像的颜色模式是一一对应的。例如 RGB 颜色模式的图像,其通道面板显示着 RGB 通道、R 通道、G 通道和 B 通道。RGB 通道属于复合通道,显示整个图像的全通道效果,其他三个颜色通道则控制着各自颜色在画面中显示的多少。根据图像颜色模式的不同,颜色通道的数量也不同。CMYK 颜色模式的图像有 CMYK、青色、洋红、黄色、黑色 5 个通

道,而索引颜色模式的图像只有一个通道。(见图 10.2)

10.2.1 选择通道

在"通道"面板中单击即可选中某一通道,每个通道后面有对应的"Ctrl＋数字"格式快捷键,如图 10.3 所示。比如在图 10.3 中"红"通道后面有 Ctrl＋3 组合键,这就表示按 Ctrl＋3 组合键可以单独选择"红"通道。按住 Shift 键并单击可以加选多个通道。

图 10.2   图 10.3

10.2.2 使用通道调整颜色

在前面章节中,我们学习了调色命令的使用,很多调色命令中都带有通道的设置,例如"曲线"命令。如果针对 RGB 通道进行调整,那么会影响画面整体的明暗和对比度;如果对红、绿、蓝通道进行调整,则会使画面的颜色倾向发生更改,如图 10.4 所示。

10.2.3 分离通道

在 Photoshop 中可以将图像以通道中的灰度图像为内容,拆分为多个独立的灰度图像。以一张 RGB 颜色模式的图像为例。在"通道"面板的菜单中执行"分离通道"命令,软件会自动将红、绿、蓝三个通道分离成三张独立的灰度图像并关闭彩色图像。(见图 10.5)

图 10.4   图 10.5

10.2.4　合并通道

"合并通道"命令与"分离通道"命令相反,合并通道可以将多个灰度图像合并为一个图像的通道。需要注意的是,要合并的图像必须满足以下几个条件:全部在 Photoshop 中打开、已拼合的图像、灰度模式、像素尺寸相同。否则,"合并通道"命令将不可用。图像的数量决定了合并通道时可用的颜色模式。比如,四张图像可以合并为一个 CMYK 颜色模式的图像,三张图像则能够合并出 RGB 颜色模式的图像。

10.3
Alpha 通道

Alpha 通道与其说是一种通道,不如说 Alpha 通道是一个选区储存与编辑的工具。Alpha 通道能够以黑白图的形式储存选区,白色为选区内部,黑色为选区外部,灰色为羽化的选区。将选区以图像的形式进行表现,更方便我们进行形态的编辑。

10.3.1　创建新的空白 Alpha 通道

单击"创建新通道"按钮,可以新建一个 Alpha 通道。此时的 Alpha 通道为纯黑色,没有任何选区,如图 10.6 所示。接下来可以在 Alpha 通道中填充渐变、绘图等操作。

选择该 Alpha 通道,并单击面板底部的"将通道作为选区载入"按钮,得到选区,如图 10.7 和图 10.8 所示。

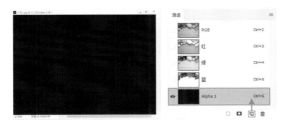

图 10.6　　　　　　　　　　　　　　　　　　图 10.7

10.3.2　复制颜色通道得到 Alpha 通道

选择通道,单击鼠标右键,然后在弹出的菜单中选择"复制通道"命令,即可得到一个相同内容的 Alpha 通道,如图 10.9 所示。

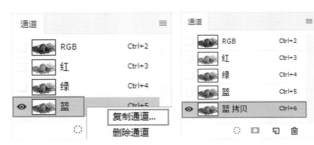

图 10.8　　　　　　　　　　　　　　　　　　图 10.9

10.3.3　以当前选区创建 Alpha 通道

当图像中包含选区时,单击"通道"面板底部的"将选区存储为通道"按钮,即可得到一个 Alpha 通道,其中选区内的部分被填充白色,选区外的部分被填充黑色,如图 10.10 所示。

10.3.4　通道计算:混合得到新通道/选区

"计算"命令可以混合两个来自一个源图像或多个源图像的单个通道,得到的混合结果可以是新的灰度图像或选区、通道。执行"图像→计算"命令,打开"计算"对话框,如图 10.11 所示。

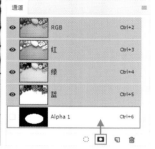

图 10.10　　　　　　　　　　　　　　　　　　　　　图 10.11

10.3.5　应用图像

图层之间可以通过图层的混合模式来进行混合,通道之间可以通过"应用图像"对话框进行混合。执行"图像→应用图像"命令,打开"应用图像"对话框,如图 10.12 所示。

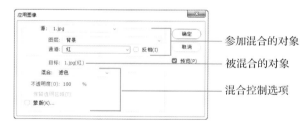

图 10.12

- 源:用来设置参与混合的文件,默认为当前文件,也可以选择使用其他文件来与当前图像进行混合,但是该文件必须是打开的,并且与当前文件具有相同尺寸和分辨率的图像。
- 图层:用来选择一个图层进行混合,当文件中有多个图层,并且需要将所有图层进行混合时可以选择"合并图层"。
- 通道:用来设置源文件中参与混合的通道。
- 反相:可将通道反相后再进行混合。
- 混合:在下拉列表中包含多种混合模式。
- 不透明度:控制混合的强度,数值越大混合强度越大。
- 保留透明区域:勾选该选项后将混合效果限定在图层的不透明区域内。
- 蒙版:勾选"蒙版"后会显示隐藏的选项,然后选择保护蒙版的图像和图层。

10.4
专 色 通 道

专色是指在印刷时,不通过 C、M、Y、K 四色合成的颜色,是专门用一种特定的油墨印刷的颜色。使用专色可使颜色印刷效果更加精准。通过标准颜色匹配系统,如 Pantone 彩色匹配系统的预印色样卡(见图10.13),能看到该颜色在纸张上的准确颜色。但是需要注意的是,并不是我们随意设置出来的专色都能够被印刷厂准确地调配出来,所以没有特殊要求的情况下不要轻易使用自己定义的专色。

创建通道之前,首先需要得到用于专色印刷区域的选区。接着打开"通道"面板,单击面板菜单按钮,执行"新建专色通道"命令(见图10.14)。接着会弹出"新建专色通道"对话框。在该对话框中可以设置专色通道的名称,然后单击"颜色"按钮,会弹出"拾色器(专色)"对话框,单击该对话框中的"颜色库"按钮,如图10.15 所示。接着会弹出"颜色库"对话框。在该对话框的色库列表中选择一个合适的色库,每个色库都有很多预设的颜色,选择一种颜色,单击"确定"按钮,如图10.16 所示。然后在"新建专色通道"对话框中通过"密度"数值来设置颜色的浓度,单击"确定"按钮,如图10.17 所示。

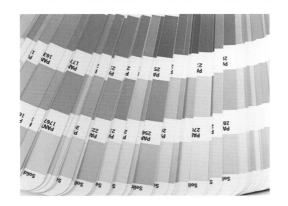

图 10.13

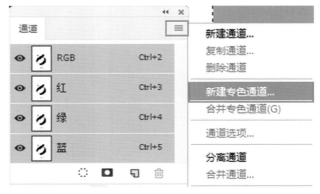

图 10.14

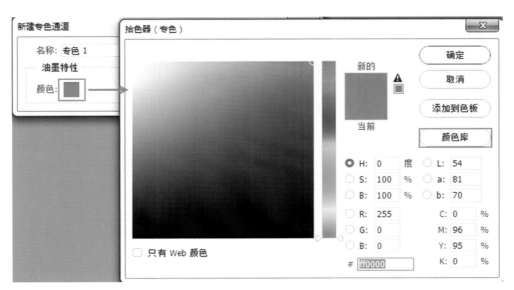

图 10.15

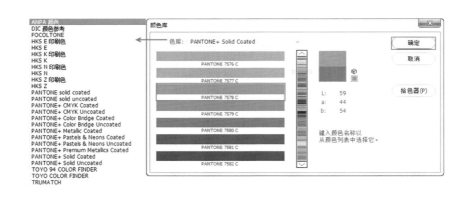

图 10.16

图 10.17

10.5
综 合 实 例

使用 Lab 颜色模式进行通道调色,调色前后对比如图 10.18 所示。

图 10.18

Photoshop Pingmian Zhizuo Jichu

第11章

滤　镜

滤镜主要用来实现图像的各种特殊效果。在 Photoshop 中有数十种滤镜,有的滤镜效果通过几个参数的设置就能让图像"改头换面",例如"油画"滤镜、"液化"滤镜。有的滤镜效果则让人摸不着头脑,例如"纤维"滤镜、"彩色半调"滤镜。这是因为有些情况下,需要几种滤镜相结合才能制作出令人满意的滤镜效果。同学们只有掌握各个滤镜的特点,然后开动脑筋,将多种滤镜相结合使用,才能制作出神奇的效果。

11.1
使 用 滤 镜

Photoshop 中的滤镜集中在"滤镜"菜单中,单击菜单栏中的"滤镜",在菜单列表中可以看到很多种滤镜,如图 11.1 所示。我们通常称位于"滤镜"菜单上半部分的几个滤镜为特殊滤镜,因为这些滤镜的功能比较强大,有些像独立的软件。这几种特殊滤镜的使用方法也各不相同,在后面会逐一进行讲解。

"滤镜"菜单的第二大部分为滤镜组。滤镜组的每个菜单命令下都包含多个滤镜效果,这些滤镜大多数使用起来非常简单,只需要执行相应的命令,并调整简单参数就能够得到有趣的效果。

"滤镜"菜单的第三大部分为外挂滤镜。Photoshop 支持使用第三方开发的滤镜,这种滤镜通常被称为外挂滤镜。外挂滤镜的种类非常多,比如人像皮肤美化滤镜、照片调色滤镜、降噪滤镜、材质模拟滤镜等。这部分可能在你的菜单中没有显示,这是因为你没有安装其他外挂滤镜,也可能是没有安装成功。

11.1.1　滤镜库:效果滤镜大集合

滤镜库集合了很多滤镜,虽然滤镜效果风格迥异,但是使用方法非常相似。在滤镜库中不仅能够添加一个滤镜,还可以添加多个滤镜,制作多种滤镜混合的效果。打开一张图片,执行"滤镜→滤镜库"命令,打开滤镜库对话框,如图 11.2 所示。

图 11.1

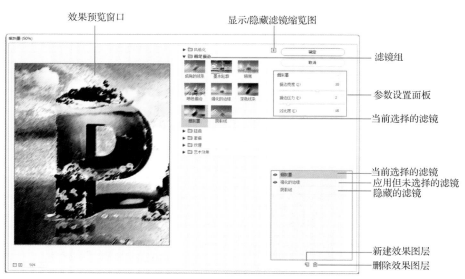

图 11.2

11.1.2　自适应广角:校正广角镜头造成的变形问题

"自适应广角"滤镜可以对广角、超广角及鱼眼效果进行变形校正。打开一张存在变形问题的图片,在该图片中可以看出来桥向上凸起,左侧的楼也发生了变形。执行"滤镜→自适应广角"命令,打开自适应广角对话框,在"校正"下拉列表中可以选择校正的类型,包含鱼眼、透视、自动、完整球面,如图 11.3 所示。选择不同的校正方式,即可对图像进行自动校正,效果如图 11.4 所示。

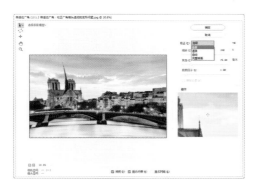

图 11.3　　　　　　　　　　　　　　　　　图 11.4

11.1.3　镜头校正:扭曲、四角失光

在使用单反相机拍摄数码照片时,可能会出现扭曲、歪斜、四角失光等现象,使用"镜头校正"滤镜可以轻松校正这一系列问题。打开一张有问题的照片,在该照片中可以看到地面水平线向上弯曲,通过在画面中创建参考线,来观察画面中的对象是否水平或垂直,而且四角有失光的现象,如图 11.5 所示。接着执行"滤镜→镜头校正"命令,打开镜头校正对话框,由于现在画面有些变形,单击"自定"按钮切换到"自定"选项卡中,然后向左拖拽"移去扭曲"滑块或设置数值为−9,此时可以在左侧的预览窗口中查看效果,如图 11.6 所示。

图 11.5　　　　　　　　　　　　　　　　　图 11.6

11.1.4　液化:瘦脸瘦身随意变

"液化"滤镜主要用来制作图形的变形效果,"液化"滤镜中的图片就如同刚画好的油画,用手指"推"一下画面中的油彩,就能使图像内容发生变形。执行"滤镜→液化"命令,打开液化对话框。单击"向前变形"按钮,然后在对话框的右侧设置合适的"画笔大小",通常我们会将笔尖调大一些,这样变形后的效果更加自然。接着将光标移动至嘴角处,按住鼠标左键向上拖拽。(见图 11.7)

11.1.5　消失点:修补带有透视的图像

　　"消失点"滤镜可以在包含透视平面,如建筑物的侧面、墙壁、地面或任何矩形对象的图像中进行细节的修补。执行"滤镜→消失点"命令,打开"消失点"对话框,如图11.8所示。

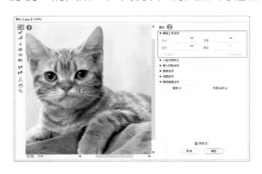

图 11.7　　　　　　　　　　　　　　　　　　　图 11.8

● 编辑平面工具:用于选择、编辑、移动平面的节点以及调整平面的大小。

● 创建平面工具:用于定义透视平面的 4 个角节点。创建好 4 个角节点以后,可以使用该工具对节点进行移动、缩放等操作。如果按住 Ctrl 键拖拽边节点,可以拉出一个垂直平面。另外,如果节点的位置不正确,可以按 Backspace 键删除该节点。

● 选框工具:使用该工具可以在创建好的透视平面上绘制选区,以选中平面上的某个区域。建立选区以后,将光标放置在选区内,按住 Alt 键拖拽选区,可以复制图像。如果按住 Ctrl 键拖拽选区,则可以用源图像填充该区域。

● 图章工具:使用该工具时,按住 Alt 键在透视平面内单击可以设置取样点,然后在其他区域拖拽鼠标即可进行仿制操作。

● 画笔工具:主要用来在透视平面上绘制选定的颜色。

● 变换工具:主要用来变换选区,其作用相当于"编辑→自由变换"命令。

● 吸管工具:可以使用该工具在图像上拾取颜色,以用作"画笔工具"的绘画颜色。

● 测量工具:使用该工具可以在透视平面中测量项目的距离和角度。

● 抓手工具/缩放工具:这两个工具的使用方法与工具箱中相应工具的使用方法完全相同。

11.1.6　滤镜组的使用

　　Photoshop 的滤镜多达几十种,一些效果相近的、工作原理相似的滤镜被集合在滤镜组中。滤镜组中的滤镜的使用方法非常相似,几乎都是选择图层—执行命令—设置参数—单击确定这几个步骤,如图11.9所示。差别在于不同的滤镜,其参数选项略有不同,但是好在滤镜的参数效果大部分都是可以实时预览的,所以可以随意调整参数来观察效果。

11.2
风格化滤镜组

　　执行"滤镜→风格化"命令,在子菜单中可以看到多种滤镜。这些滤镜的名称及效果如图11.10所示。

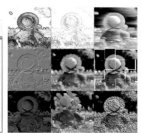

　　　　图 11.9　　　　　　　　　　　　　　　　　　　图 11.10

● 查找边缘：可以自动识别图像像素对比度变换强烈的边界，并在查找到的图像边缘勾勒出轮廓线，同时硬边会变成线条，柔边会变粗，从而形成一个清晰的轮廓。

● 等高线：用于自动识别图像亮部区域和暗部区域的边界，并用颜色较浅较细的线条勾勒出来，使其产生线稿的效果。

● 风：通过移动像素位置，产生一些细小的水平线条来模拟风吹效果。

● 浮雕效果：可以将图像的底色转换为灰色，使图像的边缘突出以生成在木板或石板上凹陷或凸起的浮雕效果。

● 扩散：可以分散图像边缘的像素，让图像形成一种类似于透过磨砂玻璃观察物体时的模糊效果。

● 拼贴：可以将图像分解为一系列块状，并使其偏离原来的位置，以产生不规则拼砖的图像效果。

● 曝光过度：可以混合负片和正片图像，类似于将摄影照片短暂曝光的效果。

● 凸出：可以使图像生成具有凸出感的块状或者锥状的立体效果。使用此滤镜，可以轻松为图像构建3D 效果。

● 油画：主要用于将照片快速地转换为油画效果，使用"油画"滤镜能够产生笔触鲜明、厚重，质感强烈的画面效果。

11.3
模糊滤镜组

　　模糊滤镜组中集合了多种模糊滤镜（见图 11.11），为图像应用模糊滤镜能够使图像内容变得柔和，淡化边界的颜色。使用模糊滤镜组中的滤镜可以进行磨皮、制作景深效果或者模拟高速摄像机跟拍效果。执行"滤镜→模糊"命令，可以在子菜单中看到多种用于模糊图像的滤镜。这些滤镜适合应用的场合不同：高斯模糊是最常用的图像模糊滤镜；模糊、进一步模糊属于"无参数"滤镜，无参数可供调整，适合于轻微模糊的情况；表面模糊、特殊模糊常用于图像降噪；动感模糊、径向模糊会沿一定方向进行模糊；方框模糊、形状模糊是以特定的形状进行模糊；镜头模糊常用于模拟大光圈摄影效果；平均滤镜用于获取整个图像的平均颜色值。

● 表面模糊：可以在不修改边缘的情况下模糊图像，经常用该滤镜消除画面中细微的杂点。

● 动感模糊：可以沿指定的方向，产生类似于运动的效果，该滤镜常用来制作带有动感的画面。

● 方框模糊：可以基于相邻像素的平均颜色值来模糊图像。

● 高斯模糊：可以均匀柔和地将画面模糊，使画面看起来具有朦胧感。

- 进一步模糊：没有任何参数可以设置，使用该滤镜只会让画面产生轻微的、均匀的模糊效果。
- 径向模糊：从中心点向外创建旋转或缩放的模糊效果。
- 镜头模糊：通常用来制作景深效果。如果图像中存在 Alpha 通道或图层蒙版，则可以将其指定为"源"，从而产生景深模糊效果。
- 模糊：用于在图像中有显著颜色变化的地方消除杂色，它可以通过平衡已定义的线条和遮蔽区域的清晰边缘旁边的像素来使图像变得柔和。该滤镜没有参数设置对话框。
- 平均：可以查找图像或选区的平均颜色，再用该颜色填充图像或选区，以创建平滑的外观效果。
- 特殊模糊：可以将图像的细节颜色呈现更加平滑的模糊效果。
- 形状模糊：可以形状来创建特殊的模糊效果。

表面模糊...
动感模糊...
方框模糊...
高斯模糊...
进一步模糊...
径向模糊...
镜头模糊...
模糊
平均
特殊模糊...
形状模糊...

图 11.11

11.4
模糊画廊滤镜组

模糊画廊滤镜组中的滤镜同样是对图像进行模糊处理的，但这些滤镜主要用于为数码照片制作特殊的模糊效果，比如模拟景深效果、旋转模糊、移轴摄影、微距摄影等特殊效果。这些简单、有效的滤镜非常适用于摄影工作者。图 11.12 所示为模糊画廊滤镜组中的滤镜效果。

图 11.12

- 场景模糊：可以固定多个点，从这些点向外进行模糊。执行"滤镜→模糊→场景模糊"命令，在画面中单击"图钉"，单击创建多个"图钉"，选中每个"图钉"并通过调整模糊数值来使画面产生渐变的模糊效果。
- 光圈模糊：可将一个或多个焦点添加到图像中，可以根据不同的要求对焦点的大小与形状、图像其余部分的模糊数量以及清晰区域与模糊区域之间的过渡效果进行相应的设置。
- 移轴模糊：一种特殊的摄影效果，用大场景来表现类似微观的世界，让人感觉非常有趣。
- 路径模糊：可以沿着一定方向进行画面模糊，使用该滤镜可以在画面中创建任何角度的直线或者是弧线的控制杆，像素沿着控制杆的走向进行模糊。"路径模糊"滤镜可以用于制作带有动效的模糊效果，并且能够制作出多角度、多层次的模糊效果。
- 旋转模糊：与"径向模糊"较为相似，但是"旋转模糊"滤镜比"径向模糊"滤镜功能更加强大。"旋转模糊"滤镜可以一次性在画面中添加多个模糊点，还能够随意控制每个模糊点的模糊的范围、形状与强度。"径向模糊"滤镜可以用于模拟拍照时旋转相机时所产生的模糊效果，以及旋转的物体产生的模糊效果。

11.5
扭曲滤镜组

执行"滤镜→扭曲"命令,在子菜单中可以看到多种滤镜。这些滤镜的名称及效果如图11.13所示。

● 波浪:一种通过移动像素位置达到图像扭曲效果的滤镜,该滤镜可以在图像上创建类似于波浪起伏的效果。

● 波纹:似水波的涟漪效果,常用于制作水面的倒影。

● 极坐标:一种"极度变形"的滤镜,它可以将图像从拉直到弯曲,从弯曲至拉直。平面坐标转换到极坐标,或从极坐标转换到平面坐标。

● 挤压:可以将图像挤压变形。在弹出的对话框中,"数量"用于调整图像扭曲变形的程度和形式。

● 切变:将图像沿一条曲线进行扭曲,通过拖拽调整框中的曲线可以应用相应的扭曲效果。

● 球面化:可以使图像产生映射在球面上的突起或凹陷的效果。

图 11.13

● 水波:可以使图像按各种设定产生抖动的扭曲,并按同心环状由中心向外排布,产生的效果就像透过荡起阵阵涟漪的湖面一样。

● 旋转扭曲:以画面中心为圆点,按照顺时针或逆时针的方向旋转图像,产生类似漩涡的旋转效果。

● 置换:需要两个图像文件才能完成,一个是进行置换变形的图像文件,另一个则是决定如何进行置换变形的文件,且该文件必须是.psd格式的文件。

11.6
锐化滤镜组

锐化操作能够增强颜色边缘的对比,使模糊的图形变得清晰。但是过度的锐化会造成噪点、色斑的出现,所以锐化的数值要适当。在图11.14(a)中我们可以看到同一图像中模糊、正常与锐化过度的三种效果。

执行"滤镜→锐化"命令,可以在子菜单中看到多种用于锐化的滤镜,如图11.14(b)所示。这些滤镜适合应用的场合不同,USM锐化、智能锐化是常用的锐化图像的滤镜,参数可调性强。进一步锐化、锐化、锐化边缘属于"无参数"滤镜,无参数可供调整,适合于轻微锐化的情况。"防抖"滤镜则用于处理带有抖动的照片。

图 11.14

- USM 锐化:可以自动识别画面中色彩对比明显的区域,并对其进行锐化。
- 防抖:可以弥补由于使用相机拍摄时抖动而产生的图像抖动虚化问题。
- 进一步锐化:可以通过增加像素之间的对比度而使图像变得清晰,但锐化效果不是很明显,与模糊滤镜组中的"进一步模糊"类似。
- 锐化:没有参数设置对话框,并且其锐化程度一般都比较小。
- 锐化边缘:同样没有参数设置对话框,该滤镜会锐化图像的边缘。
- 智能锐化:参数比较多,也是实际工作中使用频率最高的一种锐化滤镜。

11.7
视频滤镜组

视频滤镜组包含两种滤镜,即"NTSC 颜色"滤镜和"逐行"滤镜,如图 11.15 所示。这两个滤镜可以处理从以隔行扫描方式的设备中提取的图像。

图 11.15

- NTSC 颜色:可以将色域限制在电视机重现可接受的范围内,以防止过饱和颜色渗到电视扫描行中。
- 逐行:可以移去视频图像中的奇数或偶数隔行线,使在视频上捕捉的运动图像变得平滑。

11.8
像素化滤镜组

像素化滤镜组可以对图像进行分块或平面化处理。像素化滤镜组包含 7 种滤镜:"彩块化""彩色半调""点状化""晶格化""马赛克""碎片""铜版雕刻"。执行"滤镜→像素化"命令即可看到该滤镜组中的命令。

- 彩块化:可以将纯色或相近色的像素结成相近颜色的像素块,使图像产生手绘的效果。由于"彩块化"滤镜在图像上产生的效果不明显,在使用该滤镜时,可以通过重复按下 Ctrl+F 键多次使用该滤镜来加强画面效果。"彩块化"滤镜常用来制作手绘图像、抽象派绘画等艺术效果。
- 彩色半调:可以在图像中添加网版化的效果,模拟在图像的每个通道上使用放大的半调网屏的效果。应用"彩色半调"后,图像的每个颜色通道都将转化为网点。网点的大小受到图像亮度的影响。
- 点状化:可模拟制作对象的点状色彩效果。可以将图像中颜色相近的像素结合在一起,变成一个个的颜色点,并使用背景色作为颜色点之间的画布区域。
- 晶格化:可以使图像中颜色相近的像素结块,形成多边形纯色晶格化效果。
- 马赛克:比较常用的滤镜效果。使用该滤镜会将原有图像处理为以单元格为单位,而且每一个单元的所有像素颜色统一,从而使图像丧失原貌,只保留图像的轮廓,创建出类似于马赛克瓷砖的效果。
- 碎片:可以将图像中的像素复制四次,然后将复制的像素平均分布,并使其相互偏移,产生一种类似于重影的效果。
- 铜版雕刻:可以将图像用点、线条或笔画的样式转换为黑白区域的随机图案或彩色图像中完全饱和颜色的随机图案。

11.9
渲染滤镜组

渲染滤镜组在滤镜中算是"另类"，该滤镜组中的滤镜的特点是其自身可以产生图像。比较典型的就是"云彩"滤镜和"纤维"滤镜，这两个滤镜可以利用前景色和背景色直接生成效果。在新版本中还增加了"火焰""图片框"和"树"三个滤镜。执行"滤镜→渲染"命令，即可看到该滤镜组中的滤镜，其名称和效果如图 11.16 所示。

- 火焰：可以轻松打造出沿路径排列的火焰。
- 图片框：可以在图像边缘处添加各种风格的花纹相框。
- 树：使用"树"滤镜可以轻松创建出多种类型的树。
- 分层云彩：使用随机生成的介于前景色与背景色之间的值，将云彩数据和原有的图像像素混合，生成云彩照片。多次应用该滤镜可创建出与大理石纹理相似的照片。

图 11.16

- 光照效果：改变图像的光源方向、光照强度等使图像产生更加丰富的光效。"光照效果"不仅可以在 RGB 图像上产生多种光照效果，也可以使灰度文件的凹凸纹理产生类似 3D 的效果，并存储为自定样式以在其他图像中使用。
- 镜头光晕：可以模拟亮光照射到相机镜头所产生的折射效果，使图像产生炫光的效果。常用于创建星光、强烈的日光以及其他光芒效果。
- 纤维：可以根据前景色和背景色来创建类似编织的纤维效果，原图像会被纤维效果代替。
- 云彩：可以根据前景色和背景色随机生成云彩图案。

11.10
杂色滤镜组

杂色滤镜组包含五种滤镜："减少杂色""蒙尘与划痕""去斑""添加杂色""中间值"。"添加杂色"滤镜常用于画面中杂点的添加，如图 11.17 所示。而另外四种滤镜都用于降噪，也就是去除画面的杂点，如图 11.18 所示。

- 减少杂色：通过融合颜色相似的像素实现杂色的减少，而且该滤镜还可以针对单个通道的杂色减少进行参数设置。
- 蒙尘与划痕：可以根据亮度的过渡差值，找出与图像反差较大的区域，并用周围的颜色填充这些区域，以有效地去除图像中的杂点和划痕。但是该滤镜会降低图像的清晰度。
- 去斑：自动探测图像中颜色变化较大的区域，然后模糊除边缘以外的部分，使图像中杂点减少。该滤镜可以用于为人物磨皮。
- 添加杂色：可以在图像中添加随机像素，减少羽化选区或渐进填充中的条纹，使经过重大修饰的区域看起来更真实，使混合时产生的色彩具有散漫的效果。

● 中间值:可以搜索图像中亮度相近的像素,扔掉与相邻像素差异太大的像素,并用搜索到的像素的中间亮度值替换中心像素,使图像的区域平滑化。在消除或减少图像的动感效果时非常有用。

图 11.17　　　　　　　　　　　　　图 11.18

11.11
其他滤镜组

其他滤镜组包含了"HSB/HSL"滤镜、"高反差保留"滤镜、"位移"滤镜、"自定"滤镜、"最大值"滤镜与"最小值"滤镜。

● 高反差保留:可以自动分析图像中的细节边缘部分,并且会制作出一张带有细节的图像。

● 位移:可以在水平或垂直方向上偏移图像。

● 自定:可以设计用户自己的滤镜效果。该滤镜可以根据预定义的"卷积"数学运算来更改图像中每个像素的亮度值。

● 最大值:可以在指定的半径范围内,用周围像素的最高亮度值替换当前像素的亮度值。"最大值"滤镜具有阻塞功能,可以展开白色区域,阻塞黑色区域。

● 最小值:具有伸展功能,可以扩展黑色区域,而收缩白色区域。

11.12
综 合 实 例

使用"彩色半调"滤镜制作音乐海报,如图 11.19 所示。

图 11.19

Photoshop Pingmian Zhizuo Jichu

第 12 章
实用抠图技法

抠图是设计作品制作中经常使用的操作,本章主要讲解了几种比较常见的抠图技法,包括基于颜色差异进行抠图,使用钢笔工具进行精确抠图,使用通道抠出特殊对象等的技法。不同的抠图技法适用于不同的图像,所以在进行实际抠图操作前,首先要判断使用哪种方式更适合,然后进行抠图操作。

12.1
基于颜色差异抠图

"抠图"是数码图像处理中非常常用的术语,是指将图像中主体物以外的部分去除,或者从图像中分离出部分元素的操作。在 Photoshop 中抠图的方式有很多种,例如基于颜色的差异获得图像的选区、使用钢笔工具进行精确抠图、通道抠图等。本节主要讲解基于颜色的差异进行抠图的工具。Photoshop 有多种可以通过识别颜色的差异创建选区的工具,比如"快速选择工具""魔棒工具""磁性套索工具""魔术橡皮擦工具""背景橡皮擦工具""色彩范围"命令等,这些工具位于工具箱的不同工具组中以及"选择"菜单中,如图 12.1 所示。

图 12.1　基于颜色差异抠图工具

12.1.1　快速选择工具:拖动并自动创建选区

"快速选择工具"能够自动查找颜色接近的区域,并创建出这部分区域的选区。单击工具箱中的"快速选择工具",将光标定位在要创建选区的位置,首先在选项栏中设置合适的绘制模式以及画笔大小。然后在画面中按住鼠标左键并拖动,即可自动创建与光标移动过的位置颜色相似的选区。(见图 12.2)

图 12.2

12.1.2   魔棒工具：获取容差范围内颜色的选区

"魔棒工具"用于获取与取样点颜色相似部分的选区。使用"魔棒工具"在画面中单击，光标所处的位置就是取样点，而颜色是否相似则是由"容差"数值控制的，容差数值越大，被选择的范围越大。（见图12.3）

12.1.3   磁性套索工具：自动查找差异边缘绘制选区

"磁性套索工具"能够自动识别颜色差别，并能够自动描边具有颜色差异的边界，以得到某个对象的选区。"磁性套索工具"常用于快速选择与背景对比强烈且边缘复杂的对象。（见图12.4）

图 12.3

图 12.4

12.1.4   魔术橡皮擦工具：擦除颜色相似区域

"魔术橡皮擦工具"可以快速擦除画面中相同的颜色，使用方法与"魔棒工具"的非常相似。"魔术橡皮擦工具"位于橡皮擦工具组中，右键单击工具组，在弹出的工具列表中选择"魔术橡皮擦工具"。在选项栏中设置"容差"数值以及是否"连续"，设置完成后，在画面中单击，即可擦除与单击点颜色相似的区域。（见图12.5）

12.1.5   背景橡皮擦工具：智能擦除背景像素

"背景橡皮擦工具"是一种基于色彩差异的智能化擦除工具。它可以自动采集画笔中心的色样，同时删除在画笔内出现的这种颜色，使擦除区域成为透明区域。（见图12.6）

图 12.5

图 12.6

12.1.6 色彩范围：获取特定颜色选区

"色彩范围"命令可根据图像中某一种或多种颜色的范围创建选区。"色彩范围"命令具有一个完整的参数设置对话框,在其中可以进行颜色的选择、颜色容差的设置,可以使用"添加到取样"吸管、"从选区中减去"吸管对选中的区域进行调整。(见图12.7)

12.2
钢笔精确抠图

虽然前面讲到的几种基于颜色差异的抠图工具可以进行非常便捷的抠图操作,但是还是有一些情况无法处理,例如主体物与背景非常相似的图像、对象边缘模糊不清的图像、基于颜色抠图后对象边缘参差不齐的情况等,这些都无法利用前面学到的工具很好地完成抠图操作。这时就需要使用"钢笔工具"进行精确路径的绘制,然后将路径转换为选区,接着可以删除背景,或者单独把主体物复制出来,就可以完成抠图操作了。(见图12.8)

图 12.7

原图　　用钢笔工具绘制路径　　转换为选区　　提取主体物　　合成

图 12.8

12.3
通 道 抠 图

通道抠图是一种比较专业的抠图技法,我们可能经常会听说使用通道抠图能够抠出其他抠图方式无法抠出的对象。的确是这样,例如带有毛发的小动物和人像、边缘复杂的植物、半透明的薄纱或云朵、光效等,对于这些比较特殊的对象,可以尝试使用通道抠图。

12.3.1 通道与抠图

通道抠图的主体思路就是在各个通道中对比,找到一个主体物与环境黑白反差最大的通道,复制并进行操作。然后进一步强化通道黑白反差,得到合适的黑白通道。将通道转换为选区,回到原图层中,完成抠图。(见图12.9)

原图　　　复制主体物与环境反差大的通道　　　强化通道黑白反差

载入通道选区　　　回到原图层　　　抠图完成

图 12.9

12.3.2　通道与选区

单击选中任何一个灰度的通道,画面变为该通道的效果,单击"通道"面板底部的"将通道作为选区载入"按钮,即可载入通道的选区。通道中白色的部分为选区内部,黑色的部分为选区外部,灰色区域为羽化选区。(见图 12.10)

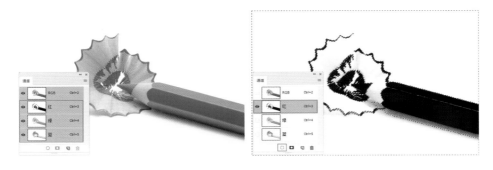

图 12.10

12.3.3　使用通道进行抠图

首先复制背景图层,将其他图层隐藏,这样不会破坏原始图像。选择需要抠图的图层,执行"窗口→通道"命令,进入"通道"面板,逐一观察并选择主体物与背景黑白对比最强烈的通道。经过观察,"蓝"通道中头发与背景之间的黑白对比较为明显,所以选择"蓝"通道。单击右键,执行"复制通道"命令,创建出"蓝 拷贝"通道。(见图 12.11)

一定要复制通道,如果直接在原通道上进行操作,会改变画面颜色。

接下来可以利用调整命令来增强复制出的通道的黑白对比,使选区与背景区分开来。单击选择"蓝 拷贝"通道,接着使用快捷键 Ctrl+M 调出"曲线"对话框,然后单击"在图像中取样以设置黑场"按钮,然后在人物皮肤上单击,此时皮肤部分连同比皮肤暗的区域全部变为黑色,如图 12.12 所示。接着使用"在图像中取样以设置白场"按钮,单击背景部分,背景变为全白,如图 12.13 所示。设置完成后单击"确定"按钮。

接着将前景色设置为黑色,使用"画笔工具"将人物面部以及衣服部分涂抹成黑色。调整完毕后,选中"蓝 拷贝"通道,单击"通道"面板下方的"将通道作为选区载入"按钮,得到人物的选区。(见图 12.14)

单击"RGB"复合通道,回到"图层"面板,选中复制的图层,按下 Delete 键删除背景,此时人像以外的部分被隐藏,如图 12.15 所示。最后可以为人像添加一个新的背景,如图 12.16 所示。

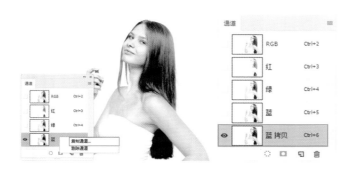

图 12.11 图 12.12

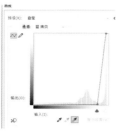

图 12.13 图 12.14

图 12.15 图 12.16

12.4
综 合 实 例

使用抠图工具制作食品广告,图 12.17 为原图,图 12.18 为合成效果图。

图 12.17 图 12.18

参考文献
References

［1］冼浪．Photoshop 基础教程[M]．武汉：华中科技大学出版社,2012.

［2］李涛．Photoshop CC 2015 中文版案例教程[M].2 版.北京：高等教育出版社,2018.

［3］[美] Andrew Faulkner,Conrad Chavez. Adobe Photoshop CC 2017 经典教程[M]. 王士喜,译. 北京：人民邮电出版社,2017.

［4］关文涛.选择的艺术：Photoshop 图像处理深度剖析[M].4 版.北京：人民邮电出版社,2018.